机电一体化

主　编　杨中华　王　敏
副主编　肖　畅

北京理工大学出版社
BEIJING INSTITUTE OF TECHNOLOGY PRESS

图书在版编目（CIP）数据

机电一体化 / 杨中华，王敏主编. -- 北京：北京理工大学出版社，2021.8(2024.1 重印)

ISBN 978-7-5763-0270-7

Ⅰ. ①机… Ⅱ. ①杨… ②王… Ⅲ. ①机电一体化 Ⅳ. ①TH-39

中国版本图书馆 CIP 数据核字(2021)第 178278 号

责任编辑：多海鹏　　文案编辑：多海鹏
责任校对：周瑞红　　责任印制：李志强

出版发行 / 北京理工大学出版社有限责任公司
社　　址 / 北京市丰台区四合庄路 6 号
邮　　编 / 100070
电　　话 / (010) 68914026（教材售后服务热线）
(010) 68944437（课件资源服务热线）
网　　址 / http://www.bitpress.com.cn

版 印 次 / 2024 年 1 月第 1 版第 3 次印刷
印　　刷 / 涿州市新华印刷有限公司
开　　本 / 787 mm×1092 mm　1/16
印　　张 / 11
字　　数 / 237 千字
定　　价 / 36.00 元

前　言

机电一体化是一门多种学科交叉的综合型学科，所涉及的知识领域非常广泛。机电一体化的应用不仅提高了机电产品的性能，拓展了机电产品的功能，而且使机械工业的技术结构、生产方式及管理体系发生了巨大变化，极大地提高了生产系统的工作效率和质量。

本书共分为六个学习项目：项目一为走进机电一体化，了解机电一体化的基本概念及其发展，机电一体化系统的组成及功能；项目二为机械机构的选用，学习机电一体化系统中机械部件的种类、选型及安装，包括典型的机械传动机构和导向支承机构的结构特点等；项目三为传感检测装置的选用，学习机电一体化系统中传感检测部件的分类、工作原理及选型，了解机电一体化系统中常用传感器的基本原理和特点；项目四为驱动装置的选用，了解机电一体化系统中驱动装置的分类、工作原理及应用；项目五为控制系统的设计，了解工业控制计算机的应用，掌握简单控制系统的设计；项目六为了解典型机电一体化产品，通过了解数控机床、工业机器人和3D打印机，能对机电一体化产品中的机电一体化系统进行分析，并把握机电一体化技术发展或新产品更新的未来趋势。

在党的二十大精神强调推动战略性新兴产业融合集群发展，构建新一代信息技术、人工智能、生物技术、新能源、新材料、高端装备、绿色环保等一批新的增长引擎背景下，微电子技术、信息技术、人工智能技术等高新技术正以更快的速度迅猛发展，使得机电一体化技术对我们生活产生的影响日新月异。市场对机电专业人才的需求不断扩大，要求也不断提高。本书基于机电行业人才需求调研，参阅大量专业文献，结合编者多年来的教学实践和研究经验编写而成。与同类书籍相比，本书的主要特点如下：

（1）内容全面，突出实用性、易学性。本书围绕机电一体化系统的体系结构组织全书内容，既适合初学者循序渐进地学习，也适合专业技术人员有选择地参阅。

（2）采用“任务型”编写体例，突出“在学中做、在做中学”的学习规律。本书内容以学习任务为单元组织，每个学习任务由“任务引入”“知识链接”“任务实施”三大模块组成，“任务引入”明确本次学习需要完成的工作；“知识链接”由若干个知识模块组成，为任务的实施奠定基础，做好相关知识技能的储备；“任务实施”引导完成任务，经历任务实施的工作过程，学到相关知识与技能。“学做一体化”的模式，更加符合市场对高技能应用型人才培养的核心职业能力要求。

本书适合机电一体化专业和数控技术专业的学生使用，也可供从事计算机控制、机电一体化工作的技术人员参考。

在本书的编写过程中，参考借鉴了一些相关教材、专著、资料和文献，在此特向各位作者表示真诚的敬意和感谢。

由于编者水平和经验有限，书中不足敬请读者批评指正。

编　者

目　录

学习笔记

项目一　走进机电一体化

高新技术引起了传统产业的深刻变革。作为传统产业之一的机械工业，在高新技术迅猛发展的推动下，其产品结构、生产方式及管理体系都发生了巨大的变化。机电一体化技术是在传统的机械技术基础上，随着电子技术、计算机技术，特别是微电子技术与信息技术的迅猛发展和广泛应用而发展起来的一门新技术。机电一体化产品已经渗透到人类生产、生活的各个领域。本项目以机器人为案例，学习了解机电一体化的发展及机电一体化系统的组成。

项目目标

序号	学习结果
1	对机电一体化有初步的认识
序号	知识目标
K1	了解机电一体化技术的概念
K2	了解机电一体化技术的发展历程及发展方向
K3	了解机电一体化系统的组成
K4	理解机电一体化系统各组成要素的功能
序号	技能目标
S1	会分析机电一体化产品的功能构成
序号	态度目标
A1	具有自主学习的能力：学会查工具书和资料，掌握阅读方法，做到学与实践结合，逐步提升自主学习的能力
A2	具有良好的团队合作精神：通过小组项目、讨论等任务，增强合作意识，培养良好的团队精神

续表

序号	态度目标
A3	树立多技术融合发展的思维意识：通过学习机电一体化的概念及发展，认识到多技术融合是现代工业发展的特征，树立多技术融合发展的思维意识，并对新技术、新方法感兴趣、爱尝试，向复合型人才转型

项目任务

序号	任务名称	覆盖目标
T1	初识机电一体化	K1/K2 A1/A2/A3
T2	分析机电一体化产品的功能构成	K3/K4 S1 A1/A2/A3

任务一　初识机电一体化

任务引入

机电一体化技术是20世纪60年代以来，在传统的机械技术基础上，随着电子技术、计算机技术，特别是微电子技术与信息技术的迅猛发展和广泛应用而发展起来的一门新技术。机器人是典型的机电一体化产品，技术的不断进步一直在牵引着机器人学科的发展。本任务是在学习机电一体化的相关基本概念、机电一体化技术的发展历程等内容后，通过查阅相关资料，试着分析机器人的发展历程。

知识链接

知识模块一　机电一体化的概念

机电一体化（mechatronics）一词起源于日本，20世纪70年代中期，日本首先提出mechatronics，该词由mechanics（机械学）的前半部分与electronics（电子学）的后半部分拼合而成。目前，对“机电一体化”有各种各样的定义，而较为人们所接受的定义有两种，分别是美国机械工程协会和日本振兴协会经济研究所提出的定义：

（1）机电一体化是由计算机信息网络协调与控制，用于完成包括机械力、运动与能量流等动力学任务的机械和（或）机电部件相互联系的系统［1984 年，美国机械工程协会（ASME）］。

（2）机电一体化乃是在机械的主功能、动力功能、信息功能和控制功能上引进微电子技术，并将机械装置与电子装置用相关软件有机结合而构成的系统的总称（1981 年，日本振兴协会经济研究所）。

在围绕“什么是机电一体化”的完整描述上存在分歧，缺乏共识，这一现象恰恰表明了机电一体化是有生命力的、蓬勃发展的一门学科。现在的机电一体化技术，是将机械技术、电工电子技术、微电子技术、信息技术、传感器技术、接口技术、信号变换技术等多种技术进行有机的结合，并综合应用到实际中的综合技术。现代高新技术的发展需要具有智能化、自动化和柔性化的机械设备，机电一体化正是在这种巨大需求的推动下产生的新兴领域。机电一体化技术的发展使得冷冰冰的机器有了人性化、智能化。机电一体化并非是机械技术与电子技术的简单叠加，而是由自身体系、多种技术相融合而构成的一门独立的交叉学科，它所涉及的知识领域非常广泛，突出强调了这些技术的相互渗透和有机结合，从而形成了某一单项技术无法达到的优势，并将这种优势通过性能优异的机电一体化系统（产品）体现出来。随着生产和科学技术的发展，它还将不断被赋予新的内容。

机电一体化产品已经渗透到人类生产、生活的各个领域。日常生活和工作中使用的全自动洗衣机、空调、全自动照相机、办公自动化设备都是典型的机电一体化产品；在机械制造领域中广泛使用的各种数控机床、工业机器人、三坐标测量仪及全自动仓储也都是典型的机电一体化产品；而汽车更是机电一体化技术成功应用的典范，发动机电子控制系统、汽车防抱死制动系统、全主动和半主动悬架等机电一体化系统在汽车上的应用，使得现代汽车的乘坐舒适性、行驶安全性及环保性能都得到了很大的改善；在农业工程领域，机电一体化技术也在一定范围内得到了应用，如拖拉机自动驾驶系统、悬挂式农具的自动调节系统等。在医疗、航空航天、国防等领域也处处可见机电一体化产品的身影，可以说，机电一体化几乎达到“无孔不入”的地步。

知识模块二　机电一体化技术的发展

机电一体化技术的发展，大体可以分为初级、蓬勃发展和智能化三个阶段：

（1）初级阶段。20 世纪 60 年代以前为第一阶段，这一阶段称为初级阶段。在这一

学习笔记

学习笔记

时期人们利用电子技术来完善机械产品的性能，把电动机、开关、接触器、继电器、保护器等进行逻辑组合以后去控制机械运动。特别是在第二次世界大战期间，战争刺激了机械产品与电子技术的结合，这些机电结合的军用技术，战后转为民用，对战后经济的恢复起到了积极的作用。由于当时电子技术的发展尚未达到一定水平，机械技术与电子技术的结合还不可能广泛和深入发展。

（2）蓬勃发展阶段。20 世纪 70—80 年代为第二阶段，可称为蓬勃发展阶段。这一时期，计算机技术、控制技术、通信技术的发展为机电一体化的发展奠定了技术基础，大规模、超大规模集成电路和微型计算机的出现为机电一体化的发展提供了充分的物质基础。机电一体化（mechatronics）一词首先在日本被普遍接受，到 20 世纪 80 年代末期，在世界范围内得到比较广泛的承认。各国均开始对机电一体化技术与产品给予很大的关注和支持，机电一体化技术和产品得到了极大发展。

（3）智能化阶段。20 世纪 90 年代后期，机电一体化技术向智能化方向迈进，机电一体化进入深入发展时期。光学、通信技术等进入机电一体化，微细加工技术也在机电一体化中崭露头角，出现了光机电一体化和微机电一体化等新分支。同时人工智能技术、神经网络技术及光纤技术等领域取得的巨大进步为机电一体化技术的发展开辟了广阔天地。

知识模块三　机电一体化产品的未来

任何事物的产生和发展，都离不开科技进步和社会需求。机电一体化集机械、电子、计算机和信息等多学科交叉融合于一体，其发展和进步依赖并促进相关技术的发展和进步。纵观国内外机电一体化的发展现状和高新技术的发展动向，机电一体化的主要发展方向如下：

（1）绿色化。工业的发展使得资源减少，生态环境受到严重污染，绿色化成了时代的趋势。机电一体化产品的绿色化，主要是指其在使用时不污染生态环境，报废后能回收利用。绿色产品在其设计、制造、使用和销毁的过程中，符合特定的环境保护和人类健康的要求，对生态环境无害或危害极少，资源利用率最高。

（2）智能化。智能化是机电一体化技术的一个重要发展方向。“智能化”是对机器行为的描述，是在控制理论的基础上，吸收人工智能、运筹学、计算机科学、模糊数学、心理学、生理学和混沌动力学等新思想、新方法，模拟人类智能，使机械具有判断推理、逻辑思维、自主决策等能力，以求得到更高的控制目标。例如，在 CNC 数控机床上增加人机对话功能，设置智能 I/O 接口和智能工艺数据库，给使用、操作和维护带来了极大的方便。

（3）网络化。网络技术的兴起和飞速发展给科学技术、工业生产、政治、军事、教育等方面都带来了巨大的变革，同样也给机电一体化技术带来了重大影响。例如，通过网络可以对机电一体化设备进行远程控制和监视、家用电器网络化，这些均可以使人们在家里享受各种高新技术带来的便利与快乐。

（4）微型化。微型机电一体化系统或称为微机电系统（Micro Electro Mechanical System，MEMS），泛指几何尺寸不超过 1 cm^3 的机电一体化产品，并且这种微型化正向微米、纳米级发展。由于微机电一体化系统具有体积小、耗能小、运动灵活等特点，可进入一般机械无法进入的空间并易于进行精细操作，故在生物医学、航空航天、信息技术、工农业乃至国防等领域都有着广阔的应用前景。

（5）模块化。模块化技术可以减少产品的开发和生产成本，提高不同产品间的零部件通用化程度，提高产品的可装配性、可维修性和可扩展性等。由于机电一体化产品种类和生产厂家繁多，研制和开发具有标准接口的机电一体化产品模块是一项复杂但很有前途的工作。例如，研制具有集减速、变频调速电动机于一体的动力驱动模块，具有视觉、图像处理、识别和测距等功能的电动机一体控制模块等。这样，在产品开发设计时，可以利用这些标准模块化单元迅速开发出新产品。

（6）人性化。人性化是各类产品的必然发展方向。机电一体化产品除了具有完善的性能外，还要求在色彩、造型等方面与环境协调，使用这些产品，对人来说更自然、更接近生活习惯。

学习笔记

任务实施

步骤一　参观实训场地设备

现场参观机器人实训室，了解和认识什么是机器人，机器人涉及的关键技术，以及未来机器人的发展趋势。

步骤二　查阅相关资料

以小组（5～8 人为宜）为单位，查阅相关资料或网络资源，学习机电一体化的相关基本概念、机电一体化技术的发展历程。

步骤三　分析机器人的发展历程

小组间进行交流与学习，梳理知识内容，分析总结机器人的发展历程。

机器人的发展历程

机电一体化技术的发展经历了初级阶段、蓬勃发展阶段和智能化阶段，而技术的

不断进步一直在牵引着机器人学科的发展，到目前为止，机器人的发展共经历了三个阶段，与机电一体化技术的发展相对应：

（1）可编程机器人。第一代机器人是可编程机器人，这类机器人根据固定程序工作，可完成一些简单的重复性操作，不具有外界信息的反馈能力。第一代机器人从20世纪60年代后半期开始投入使用，目前在工业界得到了广泛应用。

（2）感知机器人。第二代机器人是感知机器人，即自适应机器人，它是在第一代机器人的基础上发展起来的，具有对外界信息的反馈能力，有不同程度的“感知”能力，即有了感觉，如力觉、触觉、视觉等。

（3）智能机器人。第三代机器人是智能机器人，具有识别、推理、规划和学习等智能机制，它可以把感知和行动智能化结合起来。

任务评价

评价项目	评价内容	分值/分	自评20%	互评20%	师评60%	合计
职业素养50分	劳动纪律，职业道德	10				
	积极参加任务活动，按时完成工作任务	10				
	团队合作，交流沟通能力，能合理处理合作中的问题和冲突	10				
	爱岗敬业，安全意识，责任意识，服从意识	10				
	能用专业的语言正确、流利地展示成果	10				
专业能力50分	专业资料检索能力	10				
	了解机电一体化系统的组成	10				
	了解机电一体化技术的发展历程及发展方向	10				
	分析总结机器人的发展历程	20				
创新能力加分20	创新性思维和行动	20				
总计		120				
教师签名：		学生签名：				

学习笔记

任务二　分析机电一体化产品的功能构成

机器人是典型的机电一体化产品，请分析如图 1－1 所示工业机器人的功能要素。

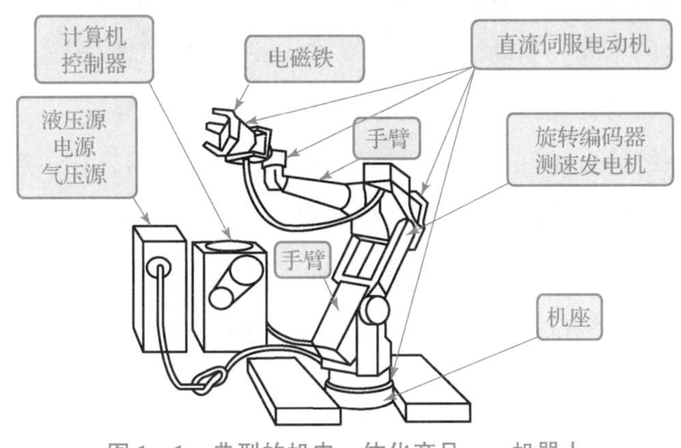

图 1－1　典型的机电一体化产品——机器人

知识链接

知识模块一　机电一体化系统的组成

一个较完善的机电一体化系统，包含以下五个基本要素：动力源、机械机构、传感检测机构、控制机构和驱动机构。

（1）动力源。动力源为机电一体化产品或系统提供能量和动力，包括电、液、气等多种能源。

（2）机械机构。机械机构主要包括传动机构、导向支撑机构和机械本体，用于传递动力和运动，以及支撑和连接系统其他组成要素。由于机电一体化产品技术性能、技术水平和功能的提高，故机械部分要在机械结构、材料、加工工艺性以及几何尺寸等方面适应机电一体化产品高效率、多功能、高可靠性和节能、小型、轻量、美观等要求。

（3）传感检测机构。传感检测机构的作用是对系统运行中所需的内部和外部环境的各种参数及状态进行检测，并将检测到的结果转变成可识别信号，传输到信息处理单元，经过分析、处理后提供系统运行控制所需的各种信息。传感检测部分的功能一般由传感器或检测仪表来实现，对其要求是体积小、便于安装与连接、检测精度高、

学习笔记

抗干扰等。

(4) 控制机构。控制机构对机电一体化系统外部输入的控制信息和来自传感器的反馈信息进行处理，并根据处理结果向驱动机构发出动作指令，控制整个系统有目的地运行。机电一体化系统对控制单元的基本要求是：高信息处理速度，高可靠性，强抗干扰能力，以及完善的系统自诊断功能，实现信息处理智能化。

(5) 驱动机构。驱动机构是一种能量转换装置，它在控制机构的作用下，将输入的各种形式的能量转化为机械能，驱动机械机构，以推动负载动作，实现产品的主功能。根据使用能量的不同，驱动机构有电气式、液压式和气压式等几种类型。驱动机构因机电一体化产品的种类和作业对象的不同而有较大的差异。

机电一体化系统的上述五大组成要素通过接口有机地结合在一起，在工作时相互协调，共同完成所规定的功能。接口主要有电气接口、机械接口和人机接口，其中，电气接口实现系统电气装置间的信号联系，机械接口则完成机械与机械部件、机械与电气装置的连接，人机接口提供人与系统间的交互界面。

步骤一　观看视频演示

观看工业机器人视频演示，加深对工业机器人的认识。

步骤二　分析工业机器人的功能要素

以小组（5~8 人为宜）为单位，查阅相关资料或网络资源，学习机电一体化系统的组成，并进行小组间的交流与学习。

工业机器人的功能要素

工业机器人是一个机电一体化的设备。一个较完善的机器人系统可以分成五大部分：机器人机械机构、驱动机构、控制系统、传感检测系统以及动力源。五大部分通过接口有机地结合在一起，在工作时相互协调，共同完成所规定的功能。如图 1－1 所示工业机器人的系统组成如表 1－1 所示。

表 1－1　工业机器人的系统组成

组成要素	功能	对应部件
机械机构	机械机构是机器人完成作业的机械实体，具有与手臂相似的动作功能，是可在空间抓放物体或进行其他操作的机械装置，通常由末端机构、手腕、手臂及机座等组成	手指、手臂、手臂的连接部分和基座

续表

组成要素	功能	对应部件
驱动机构	驱动机构由驱动器、减速器和内部检测元件等组成，用来为操作机构各运动部件提供动力和运动。驱动机构可以是液压传动、气动传动、电动传动，或者把它们结合起来应用的综合系统；可以直接驱动或者通过同步带、链条、轮系、谐波齿轮等机械传动机构进行间接驱动	电磁铁、直流伺服电动机
控制机构	控制机构是机器人的核心，包括机器人主控制器和关节伺服控制器两部分，其主要任务是根据机器人的作业指令程序以及从传感器反馈回来的信号支配机器人的执行机构去完成规定的运动和功能。假如工业机器人不具备信息反馈特征，则为开环控制系统；若具备信息反馈特征，则为闭环控制系统。根据控制原理可分为程序控制系统、适应性控制系统和人工智能控制系统；根据运动的形式可分为点位控制和轨迹控制	计算机控制器
传感检测机构	传感器作为感知系统，主要由内部传感器模块和外部传感器模块组成，用于获取内部和外部环境状态中有意义的信息。内部传感器模块负责收集机器人内部信息，如各个关节和连杆的信息，如同人体肌腱内中枢神经系统中的神经传感器；外部传感器负责获取外部环境信息，包括视觉系统、触觉传感器等。智能传感器的使用提高了机器人的机动性、适应性和智能化的水准	旋转编码器、测速发电机
动力源	为机器人系统提供能量和动力，包括电、液、气等多种能源	液压源、气压源、电源

评价项目	评价内容	分值	自评 20%	互评 20%	师评 60%	合计
职业素养 50 分	劳动纪律，职业道德	10				
	积极参加任务活动，按时完成工作任务	10				
	团队合作，交流沟通能力，能合理处理合作中的问题和冲突	10				
	爱岗敬业，安全意识，责任意识，服从意识	10				
	能用专业的语言正确、流利地展示成果	10				

续表

评价项目	评价内容	分值	自评 20%	互评 20%	师评 60%	合计
专业能力 50分	专业资料检索能力	10				
	了解机电一体化技术的概念	10				
	理解机电一体化系统各组成要素的功能	10				
	分析机电一体化产品的功能构成	20				
创新能力 加分20	创新性思维和行动	20				
总计		120				
教师签名：		学生签名：				

学习笔记

项目二　机械机构的选用

机电一体化系统中机械部件的选择与设计要考虑产品布局、机械造型、结构造型的合理化和最优化。通常来说，机械部件主要包括传动机构、导向支承机构和机械本体。

（1）传动机构。传统的机械传动机构是把动力机构产生的动力和运动传递给执行机构的中间装置，是一种扭矩和转速的变换器。在机电一体化系统中，伺服电动机的伺服变速功能在很大程度上代替传统机械传动中的变速机构，从而大大简化了传动链，只有当伺服电动机的转速范围满足不了系统要求时，才通过机械传动装置变速。机电一体化系统中的机械传动装置已成为伺服系统的组成部分，因此机械传动装置不仅仅能够解决伺服电动机与负载间的力矩匹配问题，还应具有良好的伺服性能，即满足系统高精度、快速响应和稳定性好的要求。

（2）导向支承机构。导向支承机构的作用是支承和限制运动部件按给定的运用要求和方向运动，为机械系统中各运动装置可靠、准确地完成其预定的运动提供保障。

（3）机械本体。机械本体用于支承和连接系统其他组成要素，把各种组成要素合理地结合起来，形成有机的整体。如机器人与数控机床的机械本体是机身和床身，指针式电子手表的机械本体是表壳。

本项目的主要内容包括齿轮传动副的选用、滚珠丝杠传动副轴向间隙的调整、带传动的选择和支承部件的选用。

项目目标

序号	学习结果
1	了解机电一体化系统中机械部件的种类、选型及安装
序号	**知识目标**
K1	了解齿轮传动的分类
K2	理解齿轮传动各级传动比的分配原则
K3	掌握齿轮传动的齿侧间隙调整方法
K4	了解谐波齿轮传动的结构及原理
K5	了解滚珠丝杠传动的特点
K6	理解滚珠丝杠传动的结构和工作原理
K7	理解滚珠丝杠的传动形式和安装方式
K8	掌握滚珠丝杠轴向间隙的调整与预紧
K9	了解同步带的特点和主要类型
K10	了解 V 带传动的特点
K11	了解常用移动支承机构的种类
K12	了解常用旋转支承机构的种类
序号	**技能目标**
S1	会调整齿轮传动的齿侧间隙
S2	会调整与预紧滚珠丝杠的轴向间隙
S3	会齿轮传动和滚珠丝杠等机构的正确选型
S4	会常用带传动的正确选型
S5	会常用支承机构的正确选型
序号	**态度目标**
A1	具有自主学习的能力：学会查工具书和资料，掌握阅读方法，做到学与实践结合，逐步提升自主学习的能力
A2	具有良好的团队合作精神：通过小组项目、讨论等任务，增强合作意识，培养良好的团队精神
A3	具有严谨的职业素养：在任务分析、解决中，培养考虑问题的全面性、严谨性和科学性

学习笔记

项目任务

序号	任务名称	覆盖目标
T1	齿轮传动副的选用	K1/K2/K3/K4 S1/S3 A1/A2/A3
T2	滚珠丝杠传动副轴向间隙的调整	K5/K6/K7/K8 S2 A1/A2/A3
T3	带传动的选择	K9/K10 S4 A1/A2/A3
T4	支承部件的选用	K11/K12 S5 A1/A2/A3

任务一　齿轮传动副的选用

任务引入

在汽车上很多机构都使用了齿轮传动，齿轮传动是汽车上非常重要的传动机构，主要用于传递两轴之间的运动和动力，且可实现变速、变矩的效果。如果采用轮系传动，还可以实现换向等一些特定功能。本任务在了解齿轮传动的结构和原理后，通过资料查找、实物分析等方法，分析齿轮传动在汽车上的应用。

知识链接

知识模块一　齿轮传动的分类

齿轮传动副是一种应用非常广泛的传动机构，也是机电一体化系统中常用的传动装置。齿轮传动具有传动平稳，传动比精确，工作可靠，传动效率高，传递的功率、

学习笔记

速度大，使用寿命长的优点。但齿轮传动制造和安装的精度要求和成本较高，不适合距离较大的两轴间的传动。齿轮传动装置的设计是整个机电系统的一个重要的组成部分，它的精度直接影响整个系统的精度。齿轮传动装置是转矩、转速和转向的变换器。系统对齿轮传动装置的总体要求是传动精度高、稳定性好、灵敏度高、响应速度快。

齿轮传动的种类很多，可以按不同的方法进行分类。齿轮传动按齿轮轴线的相对位置可分为平行轴齿轮传动、相交轴齿轮传动和交错轴齿轮传动。其中，平行轴齿轮传动和相交轴齿轮传动的两齿轮轴线在同一平面上，而交错轴齿轮传动的两齿轮轴线不在同一平面上，具体分类及特点见表 2－1。

表 2－1　齿轮传动的分类及特点

传动形式	齿轮形状			主要特点
平行轴齿轮传动	直齿圆柱齿轮传动	外啮合		（1）两齿轮轴线互相平行； （2）轮齿的齿长方向与齿轮轴线互相平行； （3）两齿轮转动方向相反
		内啮合		（1）两轮轴线互相平行； （2）轮齿的齿长方向与齿轮轴线互相平行； （3）两齿轮转动方向相同
	斜齿圆柱齿轮传动	外啮合		（1）轮齿齿长方向线与齿轮轴线倾斜一个角度； （2）与直齿圆柱齿轮传动相比，同时啮合的齿数增多，传动平稳，传递的扭矩也较大； （3）运转时存在轴向力； （4）加工制造比直齿圆柱齿轮麻烦
		内啮合		

续表

传动形式	齿轮形状			主要特点
平行轴齿轮传动	齿轮与齿条传动	直齿形		（1）把齿轮直径无限放大形成齿条，所以它可以看成是圆柱齿轮的一种特例； （2）可以把旋转运动变为直线运动，也可以把直线运动变为旋转运动
		斜齿形		
	人字齿圆柱齿轮传动			（1）具有斜齿圆柱齿轮的优点，同时，运转时不产生轴向力； （2）适用于传递功率大，需做正反向运转的机构中； （3）加工制造比斜齿圆柱齿轮麻烦
	非圆齿轮传动		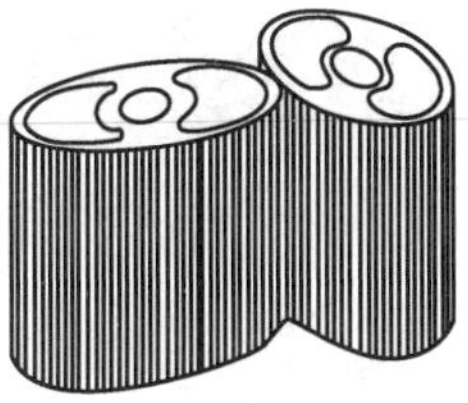	（1）目前常见的非圆齿轮有椭圆形和扇形两种； （2）当主动轮等速转动时，从动轮可以实现有规律的不等速转动
相交轴齿轮传动	直齿圆锥齿轮传动			（1）两轮轴线相交于锥顶点； （2）轮齿齿线的延长线通过锥顶点

学习笔记

续表

传动形式	齿轮形状		主要特点
相交轴齿轮传动	斜齿圆锥齿轮传动		（1）轮齿齿线呈斜向，或者，齿线的延长线不通过锥顶点，而是与某一圆相切； （2）两轮螺旋角相等，螺旋方向相反
	弧齿圆锥齿轮传动		（1）轮齿齿线呈圆弧形； （2）两轮螺旋角相等，螺旋方向相反； （3）与直齿锥齿轮传动相比，同时参加啮合的齿数增多，传动平稳，传递扭矩较大
交错轴齿轮传动	交错轴斜齿圆柱齿轮传动		（1）两齿轮轴线不在同一平面上，成任意交错，或者是垂直交错； （2）两轮的螺旋角可以相等，也可以不相等； （3）两轮螺旋方向可以相同，也可以不相同
	蜗轮蜗杆传动		（1）蜗杆轴线与蜗轮轴线不在同一平面上，成垂直交错； （2）可以实现大的传动比，传动平稳，噪声小，有自锁； （3）传动效率低，蜗杆线速度受一定限制

知识模块二　齿轮传动机构的传动比

机电一体化系统中的机械传动装置已成为伺服系统的组成部分，因此传动机构必须根据伺服控制的要求进行选择和设计，应具有良好的伺服性能。为满足系统对传动机构的精度、稳定性及响应速度的要求，应确定最佳的传动比，并合理分配。

由于负载特性和工作条件的不同，最佳传动比有各种各样的选择方法。机电一体化系统的传动装置在满足伺服电动机与负载力矩匹配的同时，应具有较高的响应速度。在伺服系统中，通常采用负载角加速度最大原则选择总传动比，以提高伺服系统的响应速度。如图 2－1 所示的传动系统的最佳传动比计算过程如下：

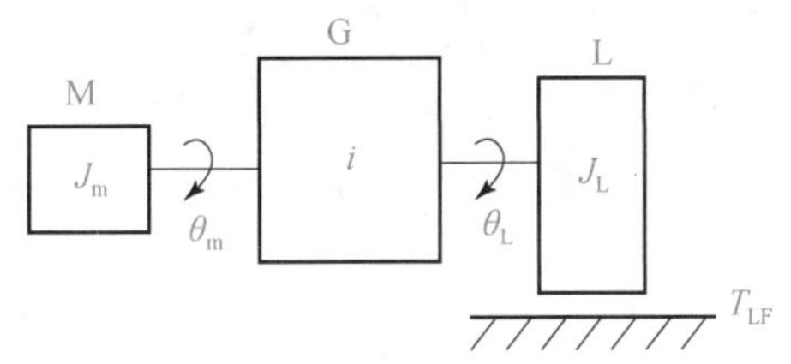

图 2－1　电动机、传动装置和负载的传动模型

J_m——电动机 M 转子的转动惯量；θ_m——电动机 M 的角位移；J_L——负载 L 的转动惯量；

θ_L——负载 L 的角位移；T_{LF}——摩擦阻抗转矩；i——齿轮系 G 的总传动比

根据传动关系有：

$$i=\frac{\theta_m}{\theta_L}=\frac{\dot{\theta}_m}{\dot{\theta}_L}=\frac{\ddot{\theta}_m}{\ddot{\theta}_L} \tag{2－1}$$

式中：θ_m，$\dot{\theta}_m$，$\ddot{\theta}_m$——电动机的角位移、角速度、角加速度；

θ_L，$\dot{\theta}_L$，$\ddot{\theta}_L$——负载的角位移、角速度、角加速度。

T_{LF}换算到电动机轴上的阻抗转矩为 T_{LF}/i，J_L换算到电动机轴上的转动惯量为 J_L/i^2。设 T_m 为电动机的驱动转矩，在忽略传动装置惯量的前提下，根据旋转运动方程，电动机轴上的合转矩 T_a 为

$$T_a=T_m-\frac{T_{LF}}{i}=\left(J_m+\frac{J_L}{i^2}\right)\times\ddot{\theta}_m=\left(J_m+\frac{J_L}{i^2}\right)\times i\times\ddot{\theta}_L \tag{2－2}$$

则

$$\ddot{\theta}_L=(T_m i-T_{LF})/(J_m i^2+J_L) \tag{2－3}$$

式（2－3）中改变总传动比 i，则$\ddot{\theta}_L$ 也随之改变。根据负载角加速度最大的原则，令$\frac{\mathrm{d}\ddot{\theta}_L}{\mathrm{d}i}=0$，则解得

$$i=\frac{T_{LF}}{T_m}+\sqrt{\left(\frac{T_{LF}}{T_m}\right)^2+\frac{J_L}{J_m}} \tag{2－4}$$

若不计摩擦，则 $T_{LF}=0$。

故齿轮系 G 的总传动比为

$$i=\sqrt{J_L/J_m} \tag{2－5}$$

当然，上述分析是忽略了传动装置的惯量影响而得到的结论，实际总传动比要依据传动装置的惯量估算适当选择大一点。在传动装置设计完以后，在动态设计时，通

学习笔记

常将传动装置的转动惯量归算为负载折算到电动机轴上，并与实际负载一同考虑进行电动机响应速度验算。

知识模块三　传动比分配

机电一体化传动系统中，为既满足总传动比要求，又使结构紧凑，常采用多级齿轮传动或蜗轮蜗杆等其他传动机构组成传动链。下面以齿轮传动链为例，介绍各级之间传动比的分配原则，这些原则对其他形式的传动链也有指导意义。

一、等效转动惯量最小原则

利用等效转动惯量最小原则所设计的齿轮传动机构，换算到电动机轴上的转动惯量最小。

有一个小功率电动机驱动的二级齿轮减速传动机构，如图2－2所示，假设总传动比为i，传动效率为100%，各主动齿轮具有相同的转动惯量，轴与轴承转动惯量不计，各齿轮均近似看成实心圆柱体，齿宽B、比重γ均相同。

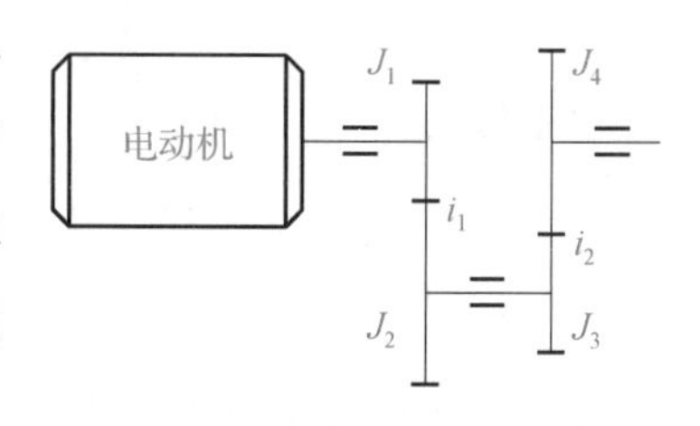

图2－2　电动机驱动的二级齿轮减速传动机构

根据系统动能不变的原则，等效到电动机轴上的等效转动惯量为

$$J_{me}=J_1+\frac{J_2+J_3}{i_1^2}+\frac{J_4}{i_1^2 i_2^2} \tag{2-6}$$

因为
$$J_1=J_3=\frac{\pi B\gamma}{32g}d_1^4, J_2=\frac{\pi B\gamma}{32g}d_2^4, J_4=\frac{\pi B\gamma}{32g}d_4^4$$

所以
$$\frac{J_2}{J_1}=\left(\frac{d_2}{d_1}\right)^4=i_1^4,$$

$$\frac{J_4}{J_3}=\frac{J_4}{J_1}=\left(\frac{d_4}{d_1}\right)^4=\left(\frac{d_4}{d_3}\right)^4=i_2^4=(i/i_1)^4$$

即
$$J_2=J_1 i_1^4, J_4=J_1 i_2^4=J_1(i/i_1)^4,$$

$$J_{me}=J_1\left(1+i_1^2+\frac{1}{i_1^2}+\frac{i^2}{i_1^4}\right) \tag{2-7}$$

令$\frac{\partial J_{em}}{\partial i_1}=0$，则

$$i_1^2(i_1^4-1-2i_2^2)=0$$

得到
$$i_2=\sqrt{\frac{i_1^4-1}{2}}$$

学习笔记

即当 $i_1^4 >> 1$ 时，有

$$i_2 \approx i_1^2 / \sqrt{2}$$

即

$$i_1 \approx (\sqrt{2} i_2)^{\frac{1}{2}} = (\sqrt{2} i)^{\frac{1}{3}} = (2i^2)^{\frac{1}{6}}$$

对于 n 级齿轮传动系作同类分析可得：

$$i_1 = 2^{\frac{2^n - n - 1}{2(2^n - 1)}} i^{\frac{1}{2^n - 1}}, \quad i_k = \sqrt{2}\left(\frac{i}{2^{\frac{n}{2}}}\right)^{\frac{2^{k-1}}{2^n - 1}}，其中，k = 2，3，4，\cdots，n$$

由上述分析可知，按等效转动惯量最小原则来分配，从高速级到低速级的各级传动比是逐级增加的，而且级数越多，总等效惯量越小。但级数增加到一定数量后，总等效惯量的减少并不明显，而从结构紧凑、传动精度和经济性等方面考虑，级数不能太多。

对于大功率传动系统，因其传递扭矩大，故要考虑齿轮模数、齿轮齿宽等参数逐级增加，各级齿轮的转动惯量差别很大的情况，传动比的分配应根据经验、类比方法以及结构紧凑的要求进行综合考虑。各级传动比一般仍以从高速级到低速级各级传动比逐级增加的原则进行分配。

二、质量最轻原则

质量方面的限制常常是伺服系统设计应考虑的重要问题，特别是用于航空、航天的传动装置，按质量最轻原则来确定各级传动比就显得十分必要。

仍以减速齿轮传动链为例，对于小功率传动系统，使各级传动比相同，即 $i_1 = i_2 = i_3 = \cdots = \sqrt[n]{i}$，即可使传动装置的质量最轻。由于这个结论是在假定各主动小齿轮模数、齿数均相同的条件下导出的，故所有从动大齿轮的齿数、模数也相同，每级齿轮副的中心距离也相同。这样可设计成如图 2－3 所示的回曲式齿轮传动链，其总传动比可以非常大。显然，这种结构十分紧凑。

对于大功率传动系统，因其传递扭矩大，故齿轮模数、齿轮齿宽等参数要逐级增加，小功率传动中的各项简化假设大多不合适。大功率传动装置传动级数的确定主要考虑结构的紧凑性。在给定总传动比的情况下，传动级数过少会使大齿轮尺寸过大，导致传动装置体积和质量增大；传动级数过多会增加轴、轴承等辅助构件，导致传动装置质量增加。设计时应综合考虑系统的功能要求和环境因素，通常情况下传动级数要尽量少。

大功率减速传动装置按质量最轻原则确定的各级传动比表现为前大后小的传动比分配方式，即从高速级到低速级各级传动比逐级减小。由于减速齿轮传动的后级齿轮比前级齿轮的转矩要大得多，在同样传动比的情况下齿厚、质量也大得多，因此减小后级传动比就相应减少了大齿轮的齿数和质量。

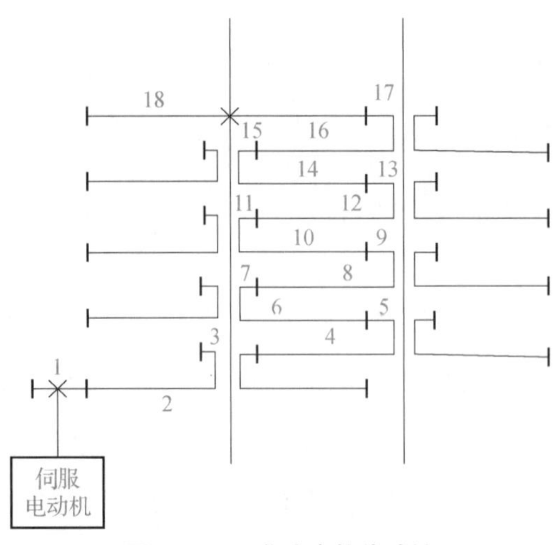

图 2-3　回曲式齿轮传动链

三、输出轴转角误差最小原则

设齿轮传动系统中各级齿轮的转角误差换算到末级输出轴上的总转角误差为 $\Delta\phi_{\max}$，则

$$\Delta\phi_{\max} = \sum_{k=1}^{n}(\Delta\phi_k / i_{kn}) \tag{2-8}$$

式中：$\Delta\phi_k$——第 k 个齿轮所具有的转角误差；

i_{kn}——第 k 个齿轮的转轴至第 n 级输出轴的传动比。

比如，对于如图 2-2 所示的二级齿轮减速传动机构，设各齿轮的传动误差分别为 $\Delta\phi_1$、$\Delta\phi_2$、$\Delta\phi_3$、$\Delta\phi_4$，则换算到末级输出轴上的总转角误差为

$$\Delta\phi_{\max} = \frac{\Delta\phi_1}{i_1 i_2} + \frac{\Delta\phi_2 + \Delta\phi_3}{i_2} + \Delta\phi_4 \tag{2-9}$$

由式（2-8）可以看出，如果从输入端到输出端的各级传动比按前小后大原则排列，即从高速级到低速级各级传动比逐级增加，则总转角误差较小，而且低速级的误差在总误差中占的比重很大。因此，要提高传动精度，就应减少传动级数，并使末级齿轮的传动比尽可能大、制造精度尽量高。

在设计齿轮传动装置时，上述三条原则应根据具体工作条件综合考虑。

（1）对于传动精度要求高的降速齿轮传动链，可按输出轴转角误差最小原则设计；若为增速传动，则应在开始几级就增速。

（2）对于要求运转平稳、启停频繁和动态性能好的降速传动链，可按等效转动惯量最小原则和输出轴转角误差最小原则设计。

（3）对于要求质量尽可能小的降速传动链，可按质量最轻原则设计。

知识模块四　齿轮传动间隙的调整

学习笔记

机电一体化设备往往要求传动机构具有自动变向的功能，如数控设备的进给系统。当机电系统反向时，如果传动链的齿轮等传动副存在间隙，则会使进给运动的反向滞后于指令信号，从而影响其传动精度，因此必须采取措施消除齿轮传动中的间隙。

一、圆柱齿轮传动间隙消除方法

1. 偏心轴套调整法

图 2－4 所示为简单的偏心轴套式间隙消除机构。电动机 2 通过偏心轴套 1 装到壳体上，相互啮合的一对齿轮中的一个齿轮 4 装在电动机输出轴上，通过转动偏心轴套的转角，即可调节两啮合齿轮 4、5 的中心距，从而消除圆柱齿轮的齿侧间隙。该方法的特点是结构简单，但侧隙调整后，随着使用时间的增长，由磨损产生的侧隙不能自动补偿，加工时对齿轮的齿厚及齿距公差要求较严，否则将影响传动的灵活性。

2. 轴向垫片调整法

如图 2－5 所示，齿轮 1 和 2 相啮合，在加工齿轮 1 和 2 时，将其分度圆柱面制成带有小锥度的圆锥面，使其齿厚在齿轮的轴向稍有变化。这样，可以通过改变垫片 3 的厚度，使齿轮 2 沿轴向移动，调整两齿轮在轴向的相对位置，从而消除两齿轮的齿侧间隙。装配时垫片 3 的厚度应既使得齿轮 1 和 2 之间齿侧间隙小，又运转灵活。这种调整方法的特点与偏心轴套调整法相同。

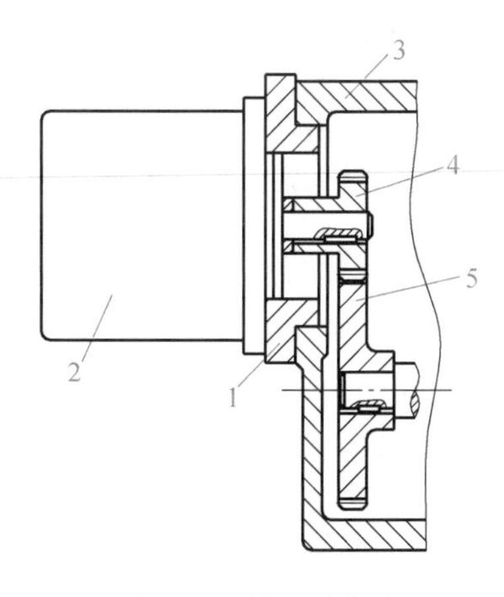

图 2－4　偏心轴套式间隙消除机构

1—偏心轴套；2—电动机；3—减速箱；4，5—齿轮

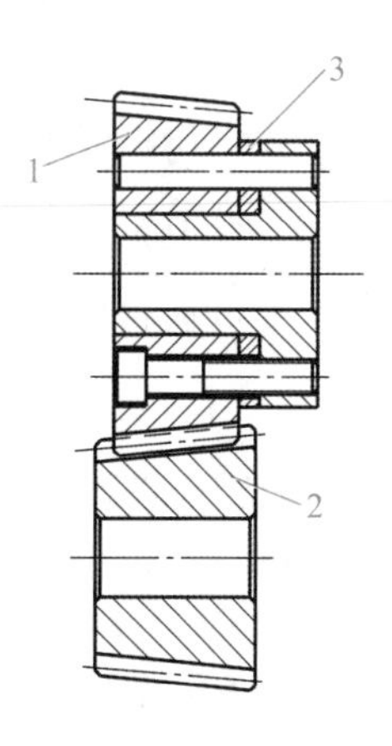

图 2－5　圆柱齿轮轴向垫片间隙消除机构

1，2—齿轮；3—垫片

3. 双片薄齿轮错齿调整法

双片薄齿轮错齿调整法是将啮合的一对齿轮中的一个做成宽齿轮，另一个由具有相同齿数的两片薄齿轮套装而成，两薄片齿轮可相对回转。装配时，采取措施使一个薄齿轮的左齿侧和另一个薄齿轮的右齿侧分别紧贴在宽齿轮齿槽的左、右两侧，这样错齿后可以消除齿侧间隙，具体调整措施如下：

周向弹簧式错齿调隙机构如图 2－6 所示，在两个薄片齿轮 3 和 4 上各开了几条周向圆弧槽，并在薄片齿轮 3 和 4 的端面上有安装弹簧 2 的短柱 1。在弹簧 2 的作用下使薄片齿轮 3 和 4 错位而消除齿侧间隙。这种结构形式中弹簧 2 的拉力必须足以克服驱动转矩才能起作用。由于周向圆弧槽及弹簧尺寸不能太大，故这种结构仅适用于传动力矩很小的读数装置而不适用于驱动装置。

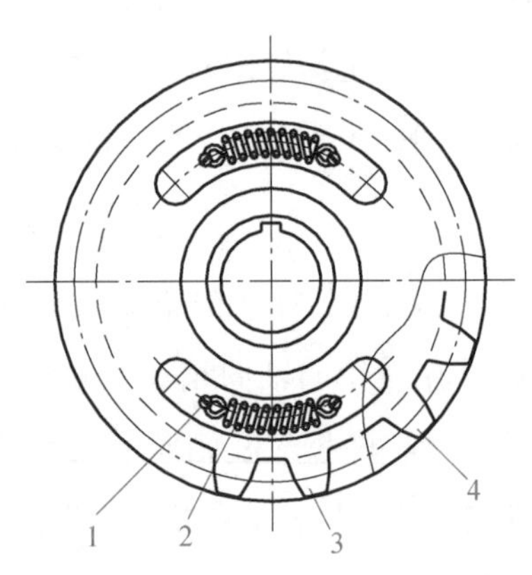

图 2－6　薄片齿轮周向拉簧错齿调隙机构

1—短柱；2—弹簧；3，4—薄片齿轮

可调拉簧式错齿调隙机构如图 2－7 所示，在两个薄片齿轮 1 和 2 的端面均匀分布着 4 个螺孔，装有凸耳 3。弹簧 4 的一端钩在凸耳 3 上，另一端钩在螺钉 7 上。弹簧 4 的拉力大小可通过螺母 5 调节螺钉 7 的伸出长度来进行调节，调整好后再用螺母 6 锁紧。

双片薄齿轮错齿调整法结构复杂，传动刚度低，不宜传递大转矩，对齿轮的齿厚和齿距要求较低，可始终保持啮合无间隙，在检测装置中应用较多。

二、斜齿轮传动间隙消除方法

消除斜齿轮传动齿轮侧隙的方法与双片薄齿轮错齿调整法基本相同，也是用两个薄片齿轮与一个宽齿轮啮合，只是在两个薄片斜齿轮的中间隔开了一小段距离，这样它的螺旋线便错开了。图 2－8（a）所示为薄片错齿调隙机构，薄片齿轮 1 和 2 与宽齿轮 3 啮合，垫片 4 使薄片齿轮 1 和 2 轴向相对移动以消除侧隙。在实践中，通常采用厚

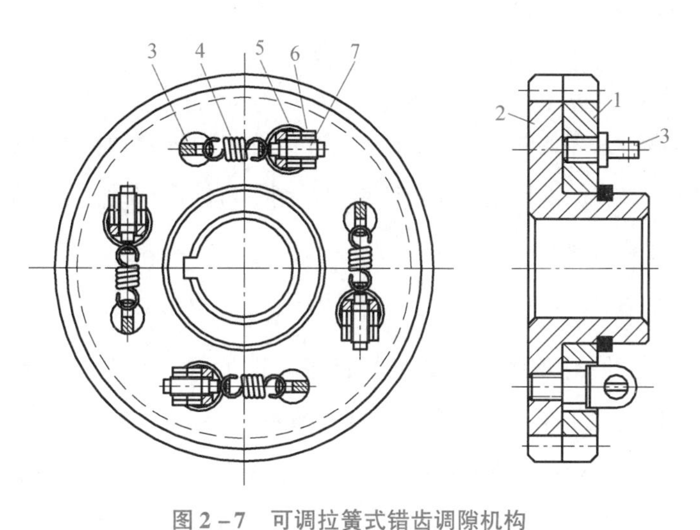

图 2－7　可调拉簧式错齿调隙机构

1，2—薄片齿轮；3—凸耳；4—弹簧；5，6—螺母；7—螺钉

度不同的垫片，再测试齿侧隙是否已消除及转动是否灵活，直至满足要求为止。这种调整方法的特点是结构比较简单，但调整较费时，且齿侧间隙不能自动补偿。图 2－8（b）所示为轴向压簧错齿调隙机构，其是通过螺母 6 调整弹簧 5 力的大小，使薄片齿轮 1 和 2 的齿侧分别贴紧宽齿轮 3 的左、右两侧，从而消除间隙。弹簧力的大小必须调整恰当，过紧会使齿轮磨损过快而影响其使用寿命，过松则起不到消除间隙的作用。这种调整方法的特点是齿侧隙可以自动补偿，但轴向尺寸较大，结构不紧凑。

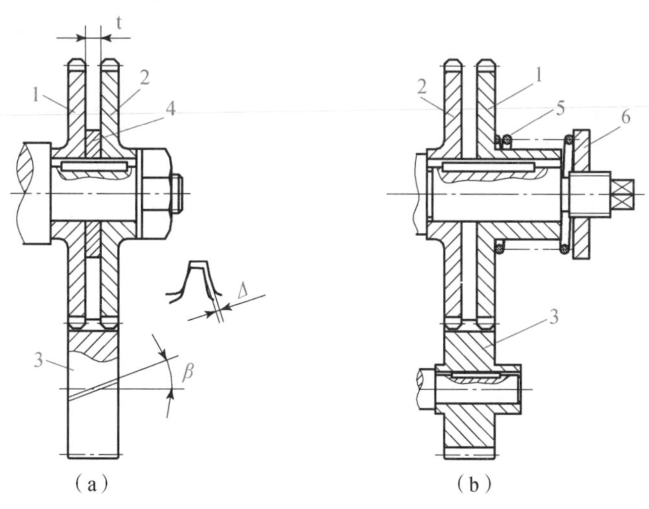

图 2－8　斜齿轮调隙机构

（a）薄片错齿调隙机构；（b）轴向压簧错齿调隙机构

1，2—薄片齿轮；3—宽齿轮；4—垫片；5—弹簧；6—螺母

学习笔记

三、锥齿轮传动间隙消除方法

1. 轴向压簧调整法

轴向压簧调整法原理如图 2－9 所示，在锥齿轮 4 的传动轴 7 上装有压簧 5，其轴向力大小由螺母 6 调节。锥齿轮 4 在压簧 5 的作用下可轴向移动，从而消除其与啮合的锥齿轮 1 之间的齿侧间隙。

2. 周向弹簧调整法

周向弹簧调整法原理如图 2－10 所示，将与锥齿轮 3 啮合的齿轮做成大小两片（1、2），在大片锥齿轮 1 上制有三个周向圆弧槽 8，小片锥齿轮 2 的端面制有三个可伸入槽 8 的凸爪 7。弹簧 5 装在槽 8 中，一端顶在凸爪 7 上，另一端顶在镶在槽 8 中的镶块 4 上。止动螺钉 6 在装配时使用，安装完毕后将其卸下，则大小片锥齿轮 1、2 在弹簧力的作用下错齿，从而达到消除间隙的目的。

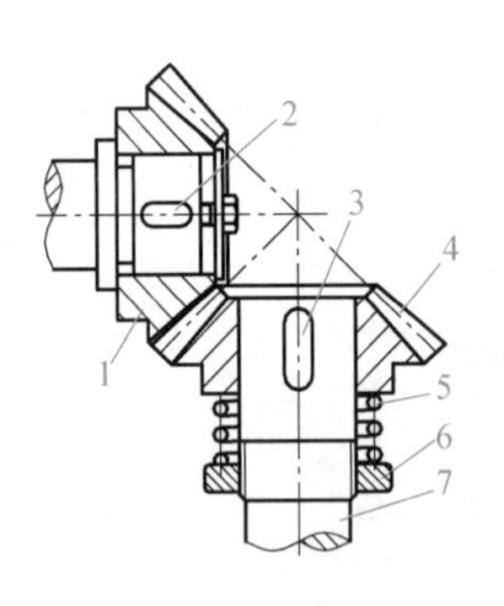

图 2－9 锥齿轮轴向压簧调隙机构

1，4—锥齿轮；2，3—键；5—压簧；6—螺母；7—传动轴

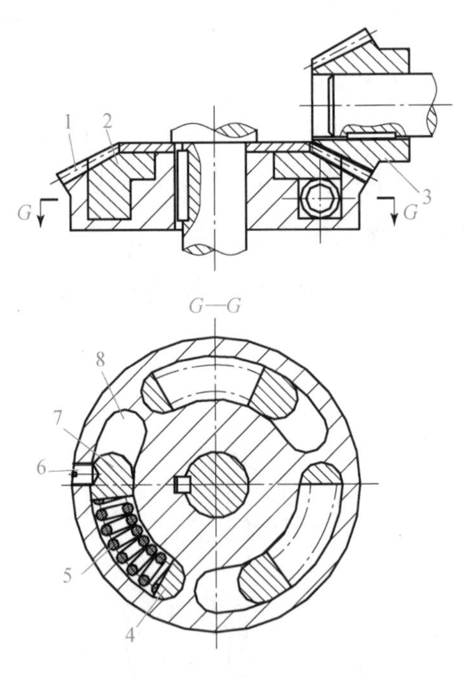

图 2－10 锥齿轮周向弹簧调隙机构

1—大片锥齿轮；2—小片锥齿轮；3—锥齿轮；4—镶块；5—弹簧；6—止动螺钉；7—凸爪；8—槽

四、齿轮齿条传动机构间隙消除方法

在机电一体化产品中对于大行程传动机构往往采用齿轮齿条传动，因为其刚度、

精度和工作性能不会因行程增大而明显降低，但它与其他齿轮传动一样也存在齿侧间隙，故应采取消隙措施。

当传动负载小时，可采用双片薄齿轮错齿调整法，使两片薄齿轮齿侧分别紧贴齿条的齿槽两相应侧面，以消除齿侧间隙。当传动负载大时，可采用双齿轮调整法。如图 2 - 11 所示，小齿轮 1、6 分别与齿条 7 啮合，与小齿轮 1、6 同轴的大齿轮 2、5 分别与齿轮 3 啮合，通过预载装置 4 向齿轮 3 上预加负载，使大齿轮 2、5 同时向两个相反方向转动，从而带动小齿轮 1、6 转动，其齿面分别紧贴在齿条 7 上齿槽的左、右两侧，消除了齿侧间隙。

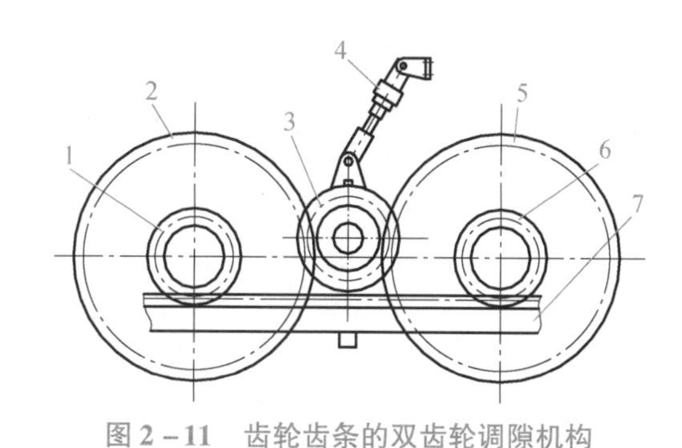

图 2 - 11　齿轮齿条的双齿轮调隙机构

1，6—小齿轮；2，5—大齿轮；3—齿轮；4—预载装置；7—齿条

知识模块五　谐波齿轮传动

随着空间科学、航天技术的发展，航天飞行器控制系统的机构和仪表设备对机械传动提出了新的要求，如传动比大、体积小、质量轻、传动精度高、回差小等。谐波传动满足了上述要求，它是在薄壳弹性变形的基础上发展起来的一种传动技术，其出现为机械传动技术带来了重大突破。

所谓谐波传动是一种靠中间柔性构件弹性变形来实现运动和动力传动的装置的总称。谐波齿轮传动系统由三个基本构件组成：刚轮、柔轮和波发生器，如图 2 - 12 所示。

谐波齿轮传动的原理就是在柔性齿轮构件中，通过波发生器的作用，产生一个移动变形波，并与刚轮轮齿相啮合，从而达到传动目的，如图 2 - 13 所示。通常波发生器为主动件，而刚轮和柔轮之一为从动件，另一个为固定件。当波发生器装入柔轮内孔时，由于波发生器的总长度略大于柔轮的内孔直径，故柔轮变为椭圆形，于是在椭圆的长轴两端产生了柔轮与刚轮轮齿的两个局部啮合区；同时在椭圆短轴两端，两轮轮齿则完全脱开。至于其余各处，则视柔轮回转方向的不同，或处于啮合状态，或处于

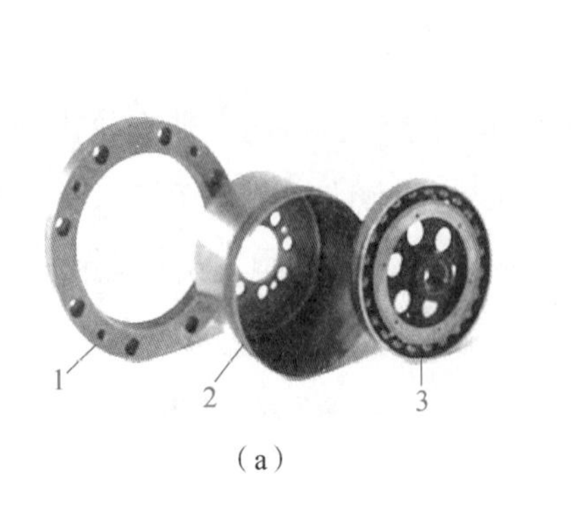

(a)

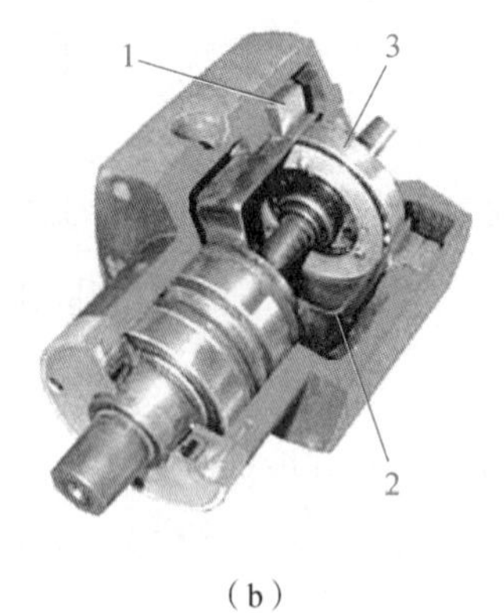

(b)

图 2－12　谐波齿轮的组成

1—刚轮；2—柔轮；3—波发生器

非啮合状态。当波发生器连续转动时，柔轮长短轴的位置不断交化，使轮齿的啮合处和脱开处也随之不断变化，于是在柔轮与刚轮之间就产生了相对位移，从而传递运动。

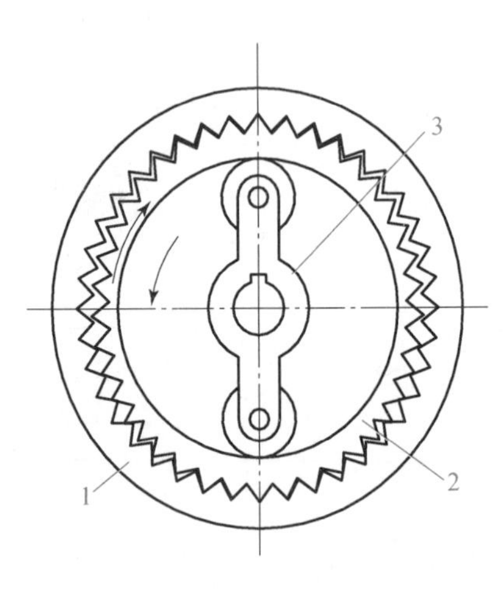

图 2－13　谐波齿轮啮合原理

1—刚轮；2—柔轮；3—波发生器

谐波齿轮传动具有结构简单、传动比大（几十至几百）、传动精度高、回程误差小、噪声低、传动平稳、承载能力强和效率高等优点，故在工业机器人、航空、火箭等机电一体化系统中日益得到广泛的应用。国内外的应用实践表明，无论是作为高灵敏度随动系统的精密谐波传动，还是作为传递大转矩的动力谐波传动，都表现出了良好的性能。

任务实施

步骤一　参观实训场地

现场参观汽车维修实训室，了解齿轮的基本结构，重点了解齿轮在汽车上的应用，并做好详细记录。

步骤二　查阅相关资料

以小组（5～8 人为宜）为单位，查阅相关资料或网络资源，学习齿轮传动的相关知识。

步骤三　分析齿轮传动在汽车上的应用

小组间进行交流与学习，梳理知识内容，分析总结齿轮传动在汽车上的应用。

齿轮传动在汽车上的应用。

学习笔记

一、汽车传动系统

汽车典型传动系统如图 2－14 所示，传动系统将发动机发出的动力传给驱动轮。在动力传递过程中，传动系统具有减速、变速、倒车、中断动力和差速等功能，与发动机配合工作，能保证汽车在各种工况条件下的正常行驶，并具有良好的动力性和经济性。

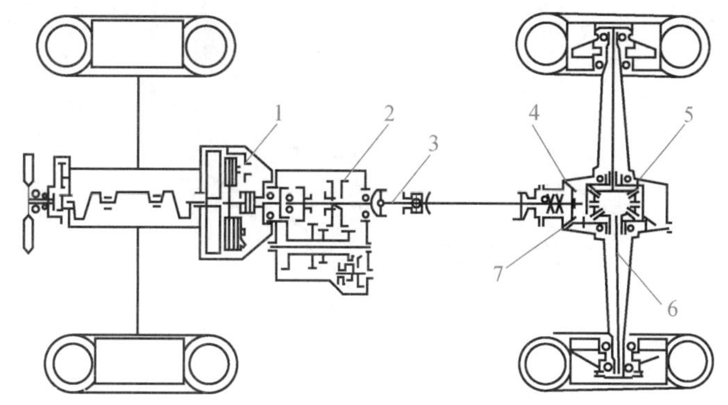

图 2－14　汽车典型传动系统

1—离合器；2—变速器；3—传动轴；4—驱动桥；5—差速器；6—半轴；7—主减速器

在汽车传动系统中，圆柱齿轮主要用于机械式变速器，机械式变速器有两轴式和三轴式两类，两轴式包括一个输入轴和一个输出轴；三轴式包括一个输入轴、一个输出轴和一个中间轴。无论是两轴式还是三轴式，各轴之间都平行，所以选用圆柱齿轮传动，包括直齿轮、斜齿轮来传递各平行轴之间的运动和动力。

锥齿轮主要用于汽车驱动桥的主减速器和差速器中。对于发动机前置、后驱的车辆，汽车传动轴和后轮半轴呈相交关系，主减速器要将来自传动轴的运动传递给车轮半轴，必须采用锥齿轮传动。主减速器中齿轮将来自传动轴的运动和动力再次减速、增矩后传递至与其相交的两半轴。差速器的主要作用是按实际的运行情况将来自传动轴的运动和动力分配给两个车轮，现在广泛采用的就是对称锥齿轮式差速器。

二、电动刮水器

汽车刮水减速系统中一般采用蜗杆蜗轮传动机构。电动刮水器主要由直流电动机、减速机构、连杆机构、刮臂、刮水片等组成。要让刮水片在风窗玻璃上来回移动，需要很大的动力，减速机构的作用是减速增矩，将电动机的较高转速降低，并使电动机的输出扭矩增大。设计人员在电动机的输出端使用蜗轮蜗杆减速传动机构，如图 2－15 所示。蜗轮蜗杆减速齿轮可以使电动机的扭矩增大，同时使电动机的输出速度降低。通常电动机和减速机构做成一体，连杆机构可以将蜗轮的旋转运动转变为摆臂的往复摆动。其工作原理：直流电动机通电开始旋转，带动蜗轮减速机构，使与蜗轮轴相连的摇臂带着两侧连杆做往复运动，连杆则通过摆杆带着左、右刮臂做往复摆动，安装在刮臂上的刮水片便刮去玻璃上的雨水、雪水或灰尘。

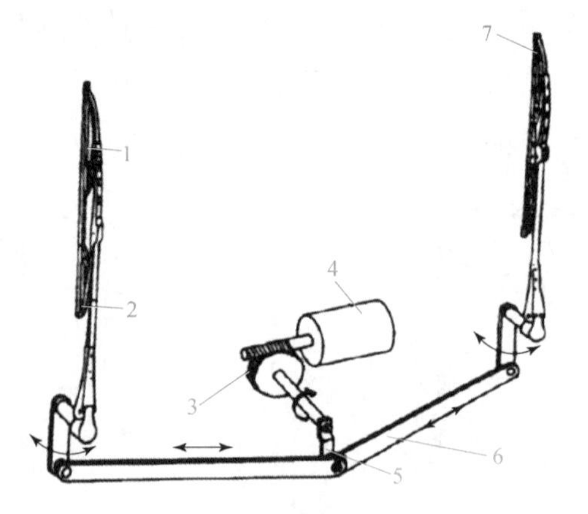

图 2－15　电动刮水器的组成

1—刮水片架；2—刮水臂；3—蜗轮；4—电动机；5—摇臂；6—拉杆；7—刮水片

三、电动助力转向系统

图 2－16 所示为一个典型电动助力转向系统（Electronic Power Steering，EPS）的示意图。驾驶员在操纵转向盘时，扭矩转角传感器根据输入扭矩和转向角的大小产生相应的电压信号，车速传感器检测到车速信号，电子控制单元 ECU 根据电压和车速的信号给出指令控制电动机的旋转方向和助力电流的大小，从而产生所需的转向助力。

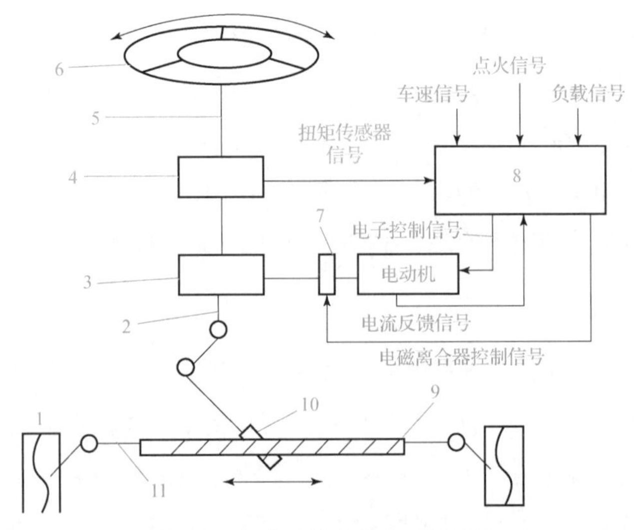

图 2－16　电动助力转向系统示意

1—车轮；2—输出轴；3—减速机构；4—扭矩或转角传感器；5—输入轴（转向轴）；6—转向盘；7—电磁离合器；8—电子控制单元 ECU；9—转向齿条；10—转向齿轮；11—连接杆

在电动助力转向系统中，减速机构一般也采用蜗杆蜗轮机构，其结构紧凑，传动比大，可获得比较明显的减速增矩，从而达到助力效果。

学习笔记

任务评价

评价项目	评价内容	分值/分	自评 20%	互评 20%	师评 60%	合计
职业素养 50分	劳动纪律，职业道德	10				
	积极参加任务活动，按时完成工作任务	10				
	团队合作，交流沟通能力，能合理处理合作中的问题和冲突	10				
	爱岗敬业，安全意识，责任意识，服从意识	10				
	能用专业的语言正确、流利地展示成果	10				
专业能力 50分	专业资料检索能力	10				
	了解齿轮传动的分类	5				
	理解齿轮传动各级传动比的分配原则	10				
	掌握齿轮传动的齿侧间隙调整方法	10				
	了解谐波齿轮传动的结构及原理	5				
	会齿轮传动、滚珠丝杠等机构的正确选型	10				
创新能力 加分20	创新性思维和行动	20				
总计		120				
教师签名：		学生签名：				

任务二　滚珠丝杠传动副轴向间隙的调整

任务引入

在数控机床的进给传动系统中，经常采用滚珠丝杠作为传动元件，其作用是将伺服电动机的旋转运动转换成运动执行件（刀架或工作台）的直线移动。数控机床的进

学习笔记

给系统要获得较高的传动刚度，除了加强滚珠丝杠传动本身的刚度外，滚珠丝杠的正确安装及支承结构的刚度也是很重要的因素。图 2－17 所示为某数控车床纵向（Z 向）进给系统中的滚珠丝杠，请分析并完成该滚珠丝杠轴向间隙的调整。

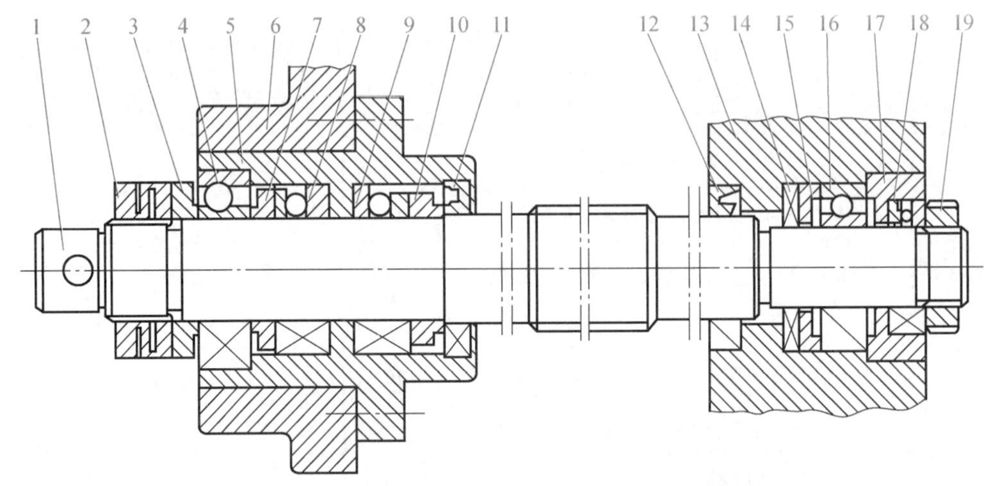

图 2－17　数控车床纵向（Z 向）进给系统中的滚珠丝杠

1—滚珠丝杠；2—防松螺母；3，7，10，15—隔套；4，16—向心轴承；5—轴承座；6—支架；8，9，18—止推轴承；11，12—密封圈；13—右支架；14—弹簧；17—轴承；19—螺母

知识链接

知识模块一　滚珠丝杠传动的结构和工作原理

滚珠丝杠是一种螺旋传动元件，可将旋转运动转换为直线运动或将直线运动转换为旋转运动。滚珠丝杠副的结构如图 2－18 所示，主要包括丝杠、螺母、滚珠和反向器（滚珠循环反向装置）四部分。在丝杠和螺母上加工有弧形螺旋槽，当把它套装在一起时形成螺旋通道，并且滚道内填满滚珠。当丝杠相对于螺母旋转时，丝杠的旋转面经滚珠推动螺母轴向移动，同时滚珠沿螺旋滚道滚动，使丝杠和螺母的滑动摩擦转变为滚珠与丝杠、螺母之间的滚动摩擦。螺母上设有反向器，与螺纹滚道构成滚珠的循环通道。为了在滚珠与滚道之间形成无间隙甚至有过盈的配合，可设置预紧装置。为延长其工作寿命，可设置润滑件和密封件。

滚珠丝杠副中滚珠的循环方式有两种：内循环和外循环。

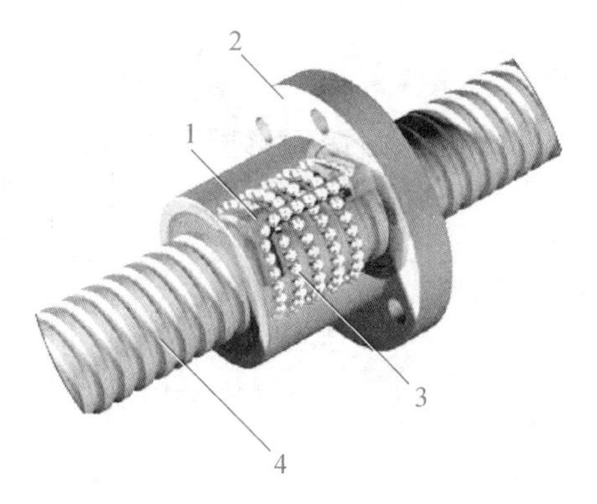

图 2-18　滚珠丝杠副

1—反向器；2—螺母；3—滚珠；4—丝杠

一、内循环

内循环方式的滚珠在循环过程中始终与丝杠表面保持接触。内循环方式的优点是滚珠循环的回路短、流畅性好、效率高，螺母的径向尺寸也较小；其不足之处是反向器加工困难，装配调整也不方便。内循环方式的反向器有固定式和浮动式两种。

固定式反向器内循环方式如图 2-19 所示。在螺母的侧面孔内装有接通相邻滚道的反向器，反向器为圆形带凸键，不能浮动。利用反向器可引导滚珠越过丝杠的螺纹顶部进入相邻滚道，形成一个循环回路。一般在同一螺母上装有 2~4 个均匀分布的反向器，并沿螺母圆周均匀分布。

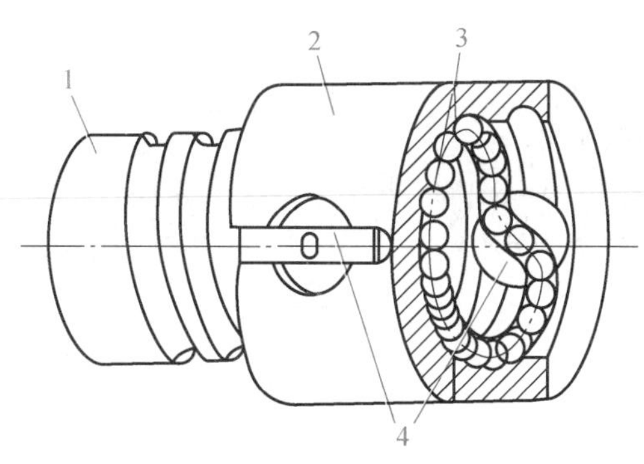

图 2-19　固定式反向器内循环方式

1—丝杠；2—螺母；3—滚珠；4—反向器

浮动式反向器内循环方式如图 2-20 所示。反向器为圆形，与安装孔有一定的配合间隙，可以在安装孔内浮动。反向器的圆弧面上加工有圆弧槽，槽内安装弹簧片，弹簧片给反向器施加一个径向推力，使反向器压向滚珠。这种循环方式通道流畅，摩擦特性好，但制造成本较高，主要用于高速、高灵敏度、高刚性的精密进给系统。

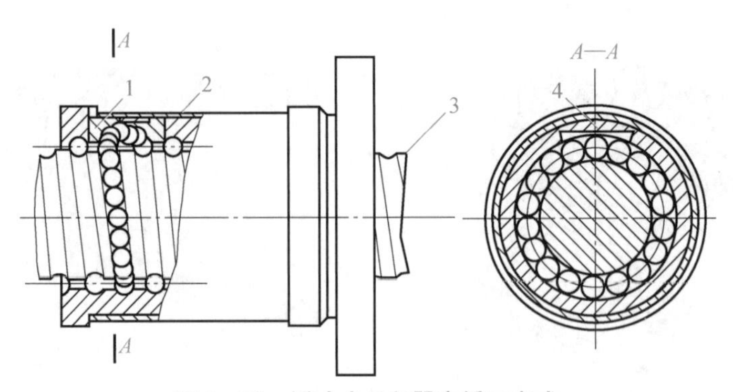

图 2-20　浮动式反向器内循环方式

1—反向器；2—弹簧套；3—丝杠；4—弹簧片

二、外循环

外循环方式的滚珠在循环过程中有时与丝杠脱离接触。外循环方式中的滚珠在循环反向时，离开丝杠螺纹滚道，在螺母体内或体外做循环运动。从结构上看，外循环有以下三种形式：插管式、螺旋槽式和端盖式。

插管式外循环方式如图 2-21 所示。弯管两端插入与螺纹滚道相切的孔内，形成滚珠的循环回路，压板将弯管固定。插管可做成多列，以提高承载能力。这种循环方式结构简单，制造方便，但径向尺寸大，且弯管两端管舌耐磨性和抗冲击性差。

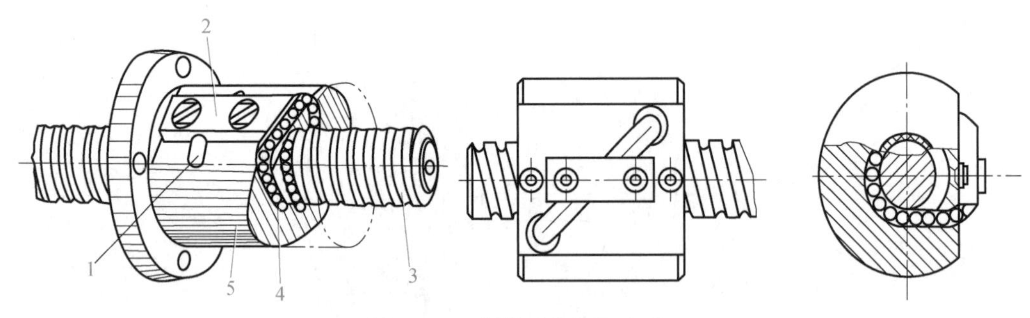

图 2-21　插管式外循环方式

1—弯管；2—压板；3—丝杠；4—滚珠；5—螺母

螺旋槽式外循环方式如图 2-22 所示。在螺母外表面上开螺旋槽，代替弯管，槽的两端通过通孔与螺纹轨道相切，形成滚珠的循环回路。这种循环方式的径向尺寸较小，但槽与孔的接口为非圆滑连接，滚珠经过时易产生冲击。

端盖式外循环方式如图 2-23 所示。端盖上开槽，以引导滚珠沿螺母上的轴向孔返回。这种循环方式循环回路过长，容易产生卡滞现象，目前应用较少。

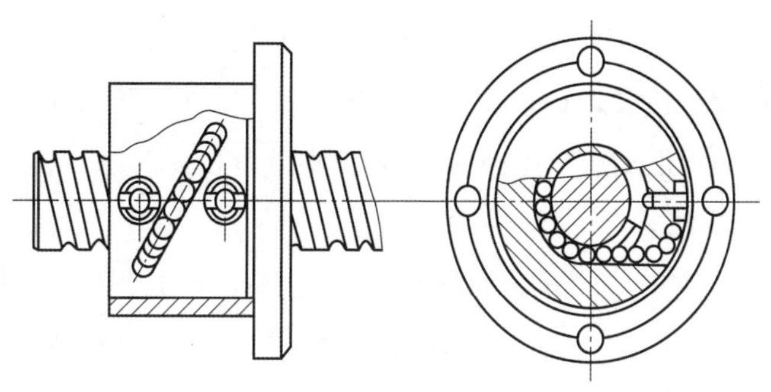

图 2－22　插管式外循环方式

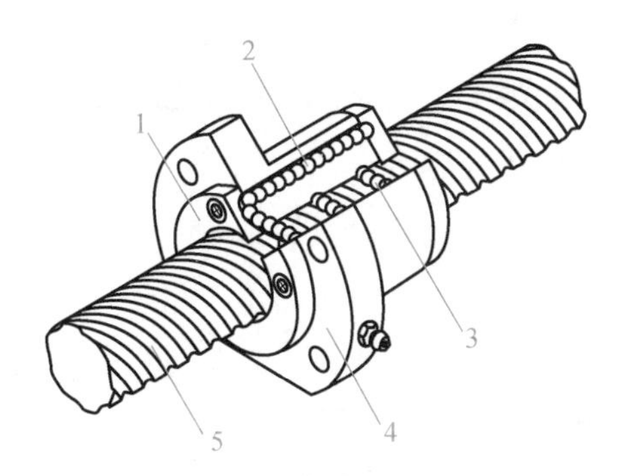

图 2－23　端盖式外循环方式

1—端盖；2—循环滚珠；3—承载滚珠；4—螺母；5—丝杠

知识模块二　滚珠丝杠传动的特点

滚珠丝杠传动与滑动丝杠传动或其他直线运动副相比，有以下特点：

（1）传动效率高。滚动摩擦阻力很小，一般滚珠丝杠副的传动效率达到 90% ~ 95%，相当于普通滑动丝杠副的 3 ~ 4 倍。这样滚珠丝杠副相对于滑动丝杠副来说，仅用较小的扭矩就能获得较大的轴向推力，功率损耗只有滑动丝杠副的 1/4 ~ 1/3，这对于机械传动系统小型化、快速响应能力及节省能源等方面，都具有重要意义。

（2）运动平稳，传动精度高。滚珠丝杠副属于精密机械传动机构，丝杠与螺母经过淬硬和精磨后，本身就具有较高的定位精度和进给精度。工作时摩擦损失小，因而工作时滚珠丝杠副温度变化很小，丝杠热变形小，尺寸稳定，经预紧调整后可得到无间隙传动，有利于提高传动精度。

由于滚动摩擦的启动摩擦阻力很小，所以滚珠丝杠副的动作灵敏，且滚动摩擦系数接近常数，启动与工作摩擦阻力差别很小，工作摩擦阻力几乎与运动速度无关，这样就可以保证启动时无冲击，运动平稳，即使在低速下仍可获得均匀的运动，保证了

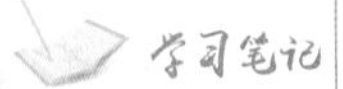

较高的传动精度。

（3）工作寿命长，维护简单。滚动磨损要比滑动磨损小得多，而且滚珠丝杠副的摩擦表面都经过淬硬和精磨，具有高硬度和高精度，所以滚珠丝杠副长期使用仍能保持其精度，工作寿命比滑动丝杠副高 5～6 倍。滚珠丝杠副的润滑密封装置结构简单，维修方便。

（4）具有传动的可逆性，但不能自锁。一般的螺旋传动是指其正传动，即把回转运动转变成直线运动。而滚珠丝杠副不仅能实现正传动，还能实现逆传动——将直线运动变为旋转运动。这种运动上的可逆性是滚珠丝杠副所独有的，而且逆传动效率同样高达 90% 以上。滚珠丝杠副传动的特点：一方面可使其开拓新的机械传动系统；另一方面其应用范围也受到限制，在一些不允许产生逆运动的地方，如横梁的升降系统等，必须增设制动或自锁机构才可使用。

（5）制造工艺复杂，成本较高。滚珠丝杆和螺母等零件加工精度、表面粗糙度要求高，故制造成本较高。

知识模块三　滚珠丝杠副的主要参数

滚珠丝杠副的主要参数如下：

（1）公称直径。公称直径是指通过滚珠球心的圆柱直径，用符号 D_0 表示，单位为 mm，常见规格有 12、14、16、20、25、32、40、50、63、80、100、120。公称直径和负载能力基本成正比，直径越大的负载能力越大，具体数值可以查阅厂家产品样本。

（2）导程。导程也称螺距，即螺杆每旋转一周螺母直线运动的距离，用符号 l_0 表示，单位为 mm，常见导程有 1、2、4、6、8、10、16、20、25、32、40。导程与直线速度有关，在输入转速一定的情况下，导程越大速度越快。

（3）有效行程。有效行程是指螺母直线移动的理论最大长度。

（4）精度。根据 JB/T 3162—2011 的规定，滚珠丝杠副的精度可分为 1、2、3、4、5、7、10 七个等级，1 级的精度最高，等级依次降低，10 级的精度最低。丝杠精度等级的选用应根据传动机构的精度要求来确定。

（5）滚珠的列数和圈数。滚珠每一个循环回路称为列，每个滚珠循环回路内所含的导程数称为圈数。

（6）预压等级。预压也称预紧，关于预压，在设计选型时用户不必了解具体预紧力和预紧方式，只需按照厂家样本选择预压等级即可。等级越高，螺母与螺杆配合越紧；等级越低，则配合越松。一般遵循的原则是：直径大、双螺母、精度高、驱动力矩较大的情况下预压等级可以选高一点，反之可选低一点。

学习笔记

知识模块四　滚珠丝杠副的传动形式

根据丝杠与螺母的相对运动，滚珠丝杠副的基本传动形式有四种：螺母固定，丝杠转动并移动；螺母移动，丝杠转动；螺母转动，丝杠移动；螺母转动并移动，丝杠固定。四种类型的结构简图及特点见表2－2。

表2－2　滚珠丝杠的传动形式

序号	传动形式	简图	特点
1	螺母固定，丝杠转动并移动		（1）螺母支承丝杠，可消除丝杠轴承产生的附加轴向窜动，结构简单，传动精度高； （2）轴向尺寸不宜太长，刚性较差； （3）适用于行程较小的场合
2	螺母移动，丝杠转动		（1）结构紧凑，刚性较高； （2）需安装导向装置限制螺母转动； （3）适用于行程较大的场合
3	螺母转动，丝杠移动		（1）需限制螺母的移动和丝杠的转动，故结构复杂，占用空间较大； （2）应用较少
4	螺母转动并移动，丝杠固定		（1）结构简单、紧凑，丝杠刚性较高； （2）在多数情况下，使用极不方便，故应用较少

知识模块五　滚珠丝杠副的安装方式

滚珠丝杠副的安装有四种基本方式：一端固定，另一端自由方式；一端固定，另一端支承方式；两端固定方式；两端支承方式。

一、一端固定，另一端自由的安装方式

如图2-24所示，一端固定，另一端自由的安装方式，固定端的轴承可以同时承受轴向力和径向力，而滚珠丝杠轴承的这种支承方式主要用于行程较小的短丝杠轴承或者全封闭式的机床，因为当采用这种结构的机械定位方式时，其精度最不可靠，尤其是长径比大的丝杠轴承（滚珠丝杠相对细长），其热变形非常明显。但是，如果是1.5 m长的丝杠，则在冷、热的不同环境下变化0.05～0.1 mm属于正常现象。尽管如此，由于其结构较简单，安装调试较方便，大多高精度机床依然采用这种结构；但是，需要特别注意的是，采用这种结构时必须加装光栅，采用全封闭环来反馈，以便能够充分发挥丝杠的性能。

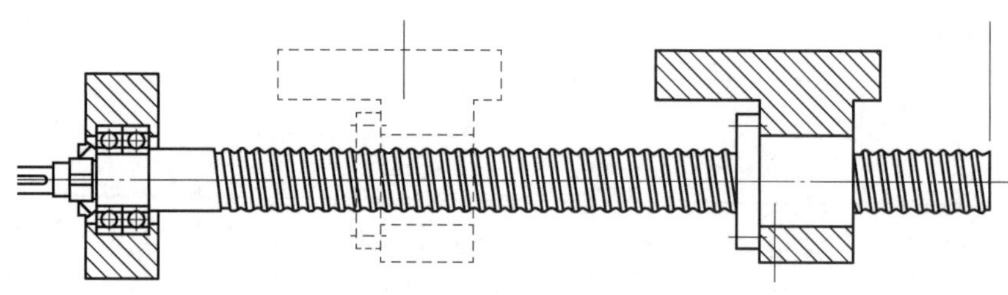

图2-24　一端固定，另一端自由的安装方式

二、一端固定，另一端支承的安装方式

如图2-25所示，一端固定，另一端支承的安装方式，固定端的轴承同样可以同时承受轴向力和径向力，而支承端只承受径向力，并且能够做微量的轴向浮动，以及可以减少或者避免因丝杠自重而出现的弯曲。另外，丝杠的热变形可以自由地向一端伸长。因此，这是使用最广泛的一种结构。比如，目前国内中小型数控车床、立式加工中心等都采用这种结构。

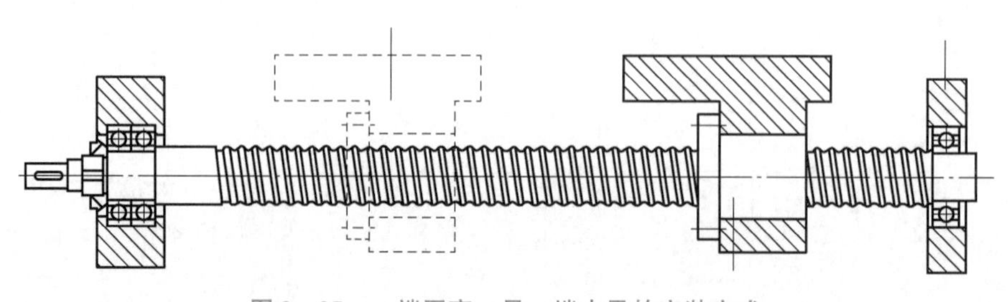

图2-25　一端固定，另一端支承的安装方式

学习笔记

三、两端固定的安装方式

如图 2－26 所示，丝杠两端均固定，采用这种方式，固定端轴承可以同时承受轴向力，并且可以对丝杠施加适当的预紧力，以提高丝杠的支承刚度，同时还可以部分地补偿丝杠的热变形。因此，大型机床、重型机床以及高精度镗铣床大多采用这种结构。当然，其也有不足的地方，那就是采用这种结构会使得调整工作比较烦琐。此外，如果在安装调整时两端的预紧力过大，将会导致丝杠最终的行程比设计行程长，螺距也比设计螺距大；而如果两端螺母的预紧力不够，就会导致相反的结果，从而容易引起机床振动，致使精度降低。因此，如果采用两端固定的结构，那么在拆装时一定要严格按照说明书进行调整，或者借助仪器（双频激光测量仪）来调整，以免造成一些不必要的损失。

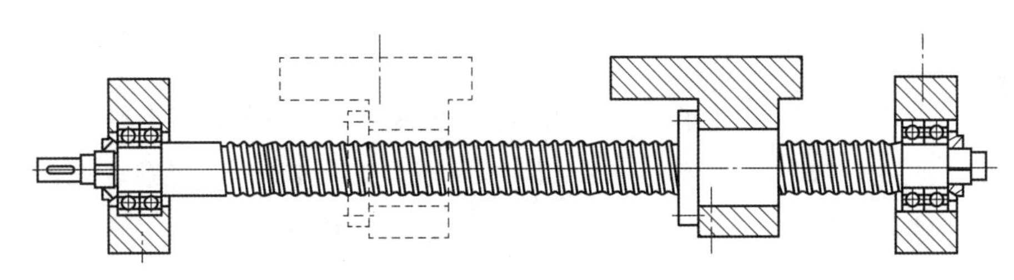

图 2－26　两端固定的安装方式

四、两端支承的安装方式

两端支承的安装方式，由于支承点随受力方向变化，定位可控性较低，受力情况较差，故应用很少。

知识模块六　滚珠丝杠轴向间隙的调整与预紧

轴向间隙通常是指丝杠和螺母无相对转动时，丝杠和螺母之间的最大轴向窜动量。这个窜动量包括结构本身的游隙及施加轴向载荷后的弹性变形所造成的窜动。为了避免滚珠丝杠副出现反向运动的空回误差，保证反向传动精度，提高运动的连续性和可靠性及轴向刚度，通常采用双螺母结构预紧的方法尽可能地消除间隙。常用的调整预紧方法有三种：双螺母垫片调隙式、双螺母齿差调隙式及双螺母螺纹调隙式等。

一、双螺母垫片调隙式

双螺母垫片调隙式结构如图 2－27 所示，即通过修磨垫片的厚度使左右螺母产生轴向位移，以达到消除间隙和产生预紧力的作用。这种调整方法具有结构简单、

学习笔记

刚性好和拆装方便等优点，但它很难在一次修磨中调整完毕，调整的精度也不如齿差调隙式好。

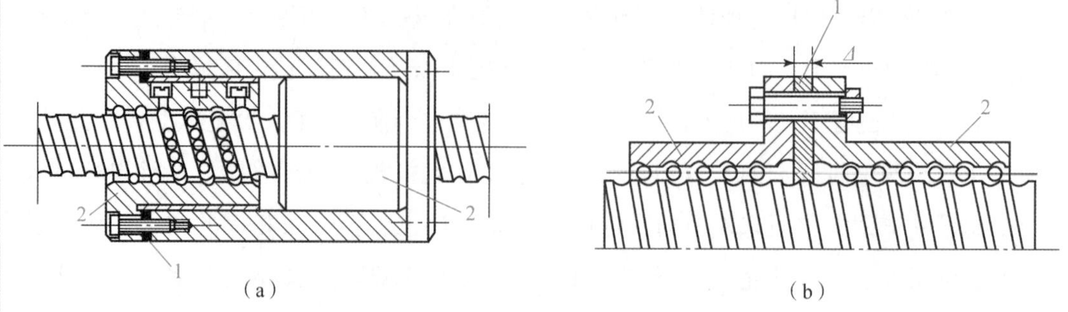

（a）　　　　　　　　　　（b）

图 2－27　双螺母垫片调隙式

1—垫片；2—螺母

二、双螺母齿差调隙式

双螺母齿差调隙式结构如图 2－28 所示。在两端两个滚珠螺母的凸缘上分别切出齿数为 z_1、z_2 的外齿轮 3，而且 z_1 与 z_2 相差一个齿，两个外齿轮 3 分别与两端相应的内齿轮 2 相啮合。内齿轮紧固在螺母座上，调隙预紧时先取下内齿轮 2，再把两个滚珠螺母同向转过相同的齿数，然后把内齿轮 2 复位固定，两滚珠螺母的轴向相对位置发生变化，从而实现间隙的调整和施加预紧力。这种调整方式的结构复杂，但调整准确，精度较高。

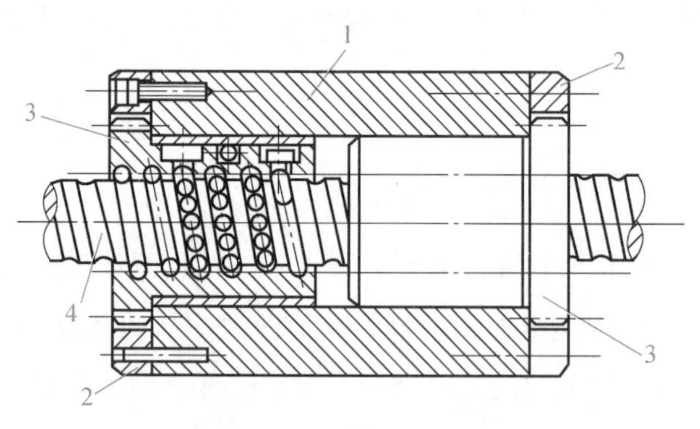

图 2－28　双螺母齿差调隙式结构

1—套筒；2—内齿轮；3—外齿轮；4—丝杠

三、双螺母螺纹调隙式

双螺母螺纹调隙式结构如图 2－29 所示，通过锁紧螺母 1 和调整螺母 2，可实现轴向调隙和预紧。这种调整方式结构简单，刚性好，预紧可靠，使用中调整方便，但不能精确定量调整。

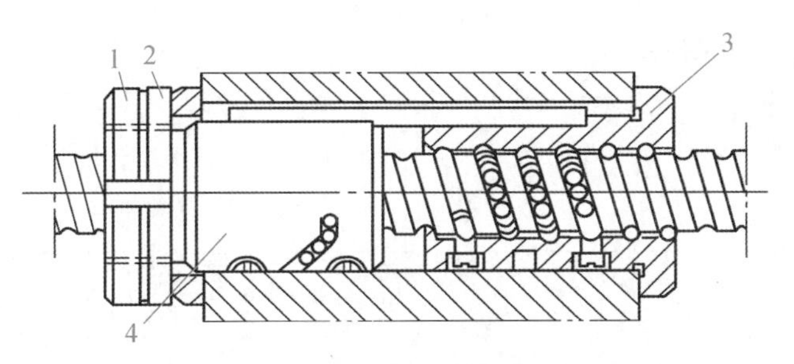

图 2－29　双螺母螺纹调隙式结构

1—锁紧螺母；2—调整螺母；3—左滚珠螺母；4—右滚珠螺母

对滚珠丝杠螺母副通过预紧方法消除间隙时，预紧力不可过大，否则会增加摩擦力，降低传动效率，缩短寿命；预紧力过小又达不到调隙预紧的目的。

除了上述三种调隙预紧方式外，还有两种方式：弹簧式自动预紧调隙式和单螺母变导程预紧调隙式。由于这两种调整方法应用较少，故在此不再细述。

任务实施

步骤一　查阅相关资料

以小组（5～8 人为宜）为单位，查阅相关资料或网络资源，学习滚珠丝杠传动副的相关知识。

步骤二　分析齿轮传动在汽车上的应用

小组间进行交流与学习，梳理知识内容，分析如图 2－17 所示的滚珠丝杠两端轴向间隙的调整过程。

滚珠丝杠两端轴向间隙的调整过程

图 2－17 所示为某数控车床纵向（*Z* 向）进给系统中使用的滚珠丝杠，两端轴向间隙的调整过程是：支架 6 和右支架 13 用螺钉分别固定在车床床身的左、右两端，轴承座用螺钉与支架 6 相固连。首先拧动防松螺母 2，向心轴承 4 和止推轴承 8 向右移动，同时止推轴承 9 向左移动，继续转动防松螺母 2，直至止推轴承 8 和 9 的间隙完全消除，这时滚珠丝杠 1 左右都不能做轴向窜动，称为轴向定位，又因止推轴承 8 和 9 都在滚珠丝杠的左端，故又称为左端定位。当左端的轴向间隙调整好以后，再调整右端，右端具有轴承间隙能进行自动补偿及能对滚珠丝杠预拉伸两个特点。拧动螺母 19，弹簧 14 发生轴向压缩，当预紧力小于弹簧的张力时，滚珠丝杠 1 就向右拉伸。预拉伸的目的在于提高滚珠丝杠的轴向刚度，从而使机床的加工精度得到保障。当滚珠丝杠在

运转中因热膨胀而伸长或止推轴承因磨损而导致间隙增大时，弹簧 14 能自动进行补偿，使轴承的预紧力保持不变。

任务评价

评价项目	评价内容	分值/分	自评20%	互评20%	师评60%	合计
职业素养50分	劳动纪律，职业道德	10				
	积极参加任务活动，按时完成工作任务	10				
	团队合作，交流沟通能力，能合理处理合作中的问题和冲突	10				
	爱岗敬业，安全意识，责任意识，服从意识	10				
	能用专业的语言正确、流利地展示成果	10				
专业能力50分	专业资料检索能力	10				
	了解滚珠丝杠传动的特点，理解滚珠丝杠传动的结构和工作原理	10				
	理解滚珠丝杠的传动形式和安装方式	15				
	掌握滚珠丝杠副轴向间隙的调整与预紧	15				
创新能力加分20	创新性思维和行动	20				
总计		120				
教师签名：		学生签名：				

任务三　带传动的选择

任务引入

某公司成品和半成品拉丝机承担着股绳自供丝和成品钢丝的生产任务，拉丝设备运转率的高低直接影响生产任务是否能够完成。因原拉丝机在生产中存在一些问题，现要对原拉丝机齿轮传动减速器进行重新选型设计。请根据相关生产要求，为该公司拉丝机减速器选择合适的传动机构。

学习笔记

知识链接

知识模块一　同步带传动

同步带传动也称同步齿形带传动，如图 2－30 所示，由环形同步带和带轮组成。同步带内周表面有等间距齿形，带轮上也制有相应的齿形，工作时，同步带上的齿与轮缘上的齿相啮合进行传动。

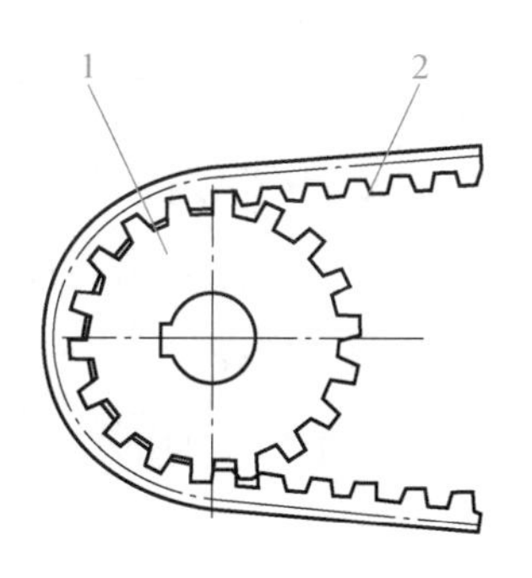

图 2－30　同步齿形带传动

1—带轮；2—同步带

一、同步带传动的特点

同步带传动是带传动的改进与发展，其将摩擦传动改变为啮合传动，有效地避免了带的打滑现象。此外，它兼有带传动、齿轮传动及链传动的优点。

1. 工作时无滑动，有准确的传动比

同步带传动是一种啮合传动，虽然同步带是弹性体，但由于其中承受负载的承载绳具有在拉力作用下不伸长的特性，故能保持带节距不变，使带与轮齿槽能正确啮合，实现无滑差的同步传动，获得精确的传动比。

2. 传动效率高，节能效果好

由于同步带做无滑动的同步传动，故有较高的传动效率，一般可达到 0.98。它与三角带传动相比，有明显的节能效果。

3. 传动比范围大，结构紧凑

同步带传动的传动比一般可达到 10 左右，而且在大传动比情况下，其结构比三角带传动紧凑。因为同步带传动是啮合传动，其带轮直径比依靠摩擦力来传递动力的三角带带轮要小得多，此外由于同步带不需要大的张紧力，故使带轮轴和轴承的尺寸都可减小。所以与三角带传动相比，在同样的传动比下，同步带传动具有较紧凑的结构。

4. 维护保养方便，运转费用低

由于同步带中承载绳采用伸长率很小的玻璃纤维、钢丝等材料制成，故在运转过程中带伸长很小，不需要像三角带、链传动等需经常调整张紧力。此外，同步带在运转中也不需要任何润滑，所以维护和保养很方便，运转费用比三角带、链、齿轮要低

得多。

5. 恶劣环境条件下仍能正常工作

同步带传动能在高温、腐蚀等恶劣环境下工作。

尽管同步带传动与其他传动相比有以上优点，但它对安装时的中心距要求等方面极其严格，同时制造工艺复杂，成本受批量影响大。

二、同步带的主要类型

同步带按用途分，主要有以下四种类型。

（1）一般工业用同步带，即梯形齿工业同步带。它主要用于中、小功率的同步带传动，如各种仪器、办公自动化设备和轻工机械中均采用这种同步带传动。

（2）高转矩同步带，又称 HTD 带（High Torgue Drive）或 STPD 带（Super Torque Positive Drive）。由于其齿形呈圆弧状，故在我国通称其为圆弧齿同步带。它主要用于重型机械的传动中，如运输机械（飞机、汽车）、石油机械和机床、发电机等的传动。

（3）特种规格同步带。这是根据某种机器特殊需要而采用的特种规格同步带，如工业缝纫机及汽车发动机用的同步带。

（4）特殊用途的同步带。用于耐温、耐油、低噪声和特殊尺寸等场合，即适应特殊工作环境制造的同步带。

同步带按规格制度来分，主要有以下三种类型：

（1）模数制。同步带主要参数是模数 m（与齿轮相同），根据不同的模数数值来确定带的型号及结构参数。在20 世纪60 年代，该种规格制度曾应用于日本、意大利、苏联等国，后随国际交流的需要，各国同步带规格制度逐渐统一到节距制。

（2）节距制。即同步带的主要参数是带齿节距，按节距大小不同，相应带、轮有不同的结构尺寸。该种规格制度目前被列为国际标准。由于节距制来源于英、美，故其计量单位为英制或经换算的公制单位。

（3）DIN 米制节距。它是德国同步带传动国家标准制定的规格制度。其主要参数为齿节距，但标准节距数值不同于 ISO 节距制，计量单位为公制。在我国，由于德国进口设备较多，故 DIN 米制节距同步带在我国有较多应用。

知识模块二　V 带传动

V 带传动由一条或数条 V 带和 V 带带轮组成的摩擦传动，如图 2－31 所示。V 带传动是靠 V 带的两侧面与轮槽侧面压紧产生摩擦力进行动力传递的。

V 带是一种无接头的环形带，其横截面为梯形，工作面是与轮槽相接触的两侧面，带与轮槽底面不接触。V 带按其截面形状及尺寸可分为普通 V 带、窄 V 带、宽 V 带和多楔带等。

图 2－31　V 带传动

V 带传动的优点如下：

（1）由于 V 带是弹性体，故能缓和载荷冲击，运行时传动平稳，噪声低，有缓冲吸振作用。

（2）V 带传动结构简单，制造、安装精度要求不高，不像啮合传动那样严格，无须润滑，使用维护方便。

（3）过载时，传动带会在带轮上打滑，可以防止薄弱零件的损坏，起到安全保护作用。

（4）可通过增加带的长度来适应中心距较大的场合。

V 带传动的缺点如下：

（1）带与带轮的弹性滑动使传动比不准确，效率较低，寿命较短。

（2）传递同样大的圆周力时，外廓尺寸和轴上的压力都比啮合传动大。

（3）不宜用于高温和易燃等场合。

任务实施

步骤一　了解问题

通过现场观看或视频资料演示，了解原拉丝机齿轮传动减速器存在的问题，并做好详细记录。

步骤二　查阅相关资料

以小组（5～8 人为宜）为单位，查阅相关资料或网络资源，学习、了解拉丝机常用的传动形式。

步骤三　解决问题

小组间进行交流与学习，梳理知识内容，分析、总结拉丝机常用传动形式的优缺点，选择合适的传动形式。

拉丝机减速器传动机构的选择。

1. 原拉丝机齿轮传动减速器存在的问题

某公司成品和半成品拉丝机承担着股绳自供丝和成品钢丝的生产任务。拉丝设备

学习笔记

学习笔记

运转率的高低直接影响生产任务是否能够完成，原拉丝机减速机构采用齿轮传动，齿轮传动减速器为立式安装，生产中存在以下问题：

（1）箱体高速轴油封位漏润滑油、卷筒冷却水易从主轴位进入减速器，不仅造成箱体内传动齿轮、轴承损坏频繁，而且维修时间长、装配要求高、设备运转率低、备品备件消耗高；

（2）卷筒摆动，设备振动大，使钢丝在拉拔时的秒流量体积不相等，生产的钢丝通调性能差；

（3）箱体高速轴油封位润滑油的泄漏会污染现场环境，影响操作工的身体健康；

（4）齿轮传动减速器转动现场噪声大。

2. 拉丝机减速传动机构的比较

拉丝机常用的传动形式主要有 V 带传动、齿轮传动和同步带传动。

1）V 带传动

V 带传动负荷小，带易打滑，适合拉拔小规格的高速拉丝机。

2）齿轮传动

拉丝机齿轮减速器传动负荷大，适合拉拔大规格的中等速度拉丝机；现场噪声大，箱体泄漏润滑油会对现场环境造成污染。

3）同步带传动

同步带传动减速机构是由大小不同的同步带轮和内周表面设有等间距齿的封闭环形胶带所组成的，带的工作面是齿的侧面，工作时胶带的齿与带轮齿槽相啮合，与带轮间不存在相对滑动，从而使主、从动带轮间达到同步。归纳起来有几方面优点：传动效率高，节能效果好，经济效益高；与齿形之间反向间隙小，严格同步，不打滑，传动比准确，角速度恒定；齿形带传动本身无须润滑，还耐油耐潮，使箱体进水、漏油和现场环境污染等问题得到根本解决；速比范围大，允许线速度高，传递功率范围大；传动平稳，能吸振，减少现场环境噪声；维修简便。

3. 传动机构选择

根据上述三种传动机构的优缺点，结合公司的备件加工和维修技术力量，决定选用同步带传动减速机构。

同步带传动减速机构解决了原箱体进水、高速轴易漏油，导致轴承、齿轮等备件缺油损坏，卷筒摆动大，噪声大，现场环境差等问题。同齿型带减速器机构的同步带轮能连续使用多年，只需更换同步带，维修方便，不需要高技术水平的维修工，降低了备品备件的消耗，提高了整机作业率。

学习笔记

任务评价

评价项目	评价内容	分值/分	自评 20%	互评 20%	师评 60%	合计
职业素养 50 分	劳动纪律，职业道德	10				
	积极参加任务活动，按时完成工作任务	10				
	团队合作，交流沟通能力，能合理处理合作中的问题和冲突	10				
	爱岗敬业，安全意识，责任意识，服从意识	10				
	能用专业的语言正确、流利地展示成果	10				
专业能力 50 分	专业资料检索能力	10				
	了解同步带的特点和主要类型	10				
	了解 V 带传动的特点	10				
	会常用带传动的正确选型	20				
创新能力 加分 20	创新性思维和行动	20				
总计		120				
教师签名：		学生签名：				

任务四　支承部件的选用

任务引入

1992 年，美国飞轮系统公司（AFS）采用纤维复合材料制造飞轮，并开发了飞轮电池电动汽车，该车一次充电续驶里程达到 600 km。飞轮电池突破了化学电池的局限，用物理方法实现了储能。请查阅相关资料，分析飞轮电池中的轴承选用的是什么轴承。

学习笔记

知识链接

知识模块一　机电一体化对支承部件的基本要求

在现代机电一体化产品中，部分机械结构已经被电子部件所代替，大大简化了机电一体化系统的机械结构，但是支承和运动部分仍然需要机械结构。机电一体化系统的支承部件主要有移动支承部件和旋转支承部件。

支承部件作为机电一体化系统中的重要部件，在设计时应满足以下要求：

（1）应有足够的刚度和较高的刚度—质量比。

（2）应有足够的抗振性，即使阻止受迫振动也不能超过允许值。

（3）热变形小，设备在正常工作时，零部件之间会产生大量的摩擦，从而产生热量，将会传递到支承件上，如果热量分布不均匀，散热性能不同，就会导致支承部件各处的温度不同，从而产生热变形，进而影响系统的精度。对于精密机床来说，热变形对机床的加工精度会有极大的影响。

（4）良好的稳定性。支承部件应长时间保持其几何尺寸和主要表面的相对位置精度，以防止产品原有精度的丧失。因此，应及时采用热处理来消除支承部件的内应力。

（5）良好的结构工艺性。在设计支承部件时，应充分考虑毛坯制造、机械加工和装配的工艺性，正确地进行结构设计，节省材料，降低成本，缩短生产周期。

知识模块二　移动支承

移动支承主要是指直线运动导轨副。导轨作为机电一体化的导向支承部件，其主要作用就是支承与限制运动部件按给定的运动要求和规定的运动方向运动。导轨主要由运动件和承导件两部分组成，如图2－32所示。运动件相对于承导件运动，通常是直线运动或回转运动。

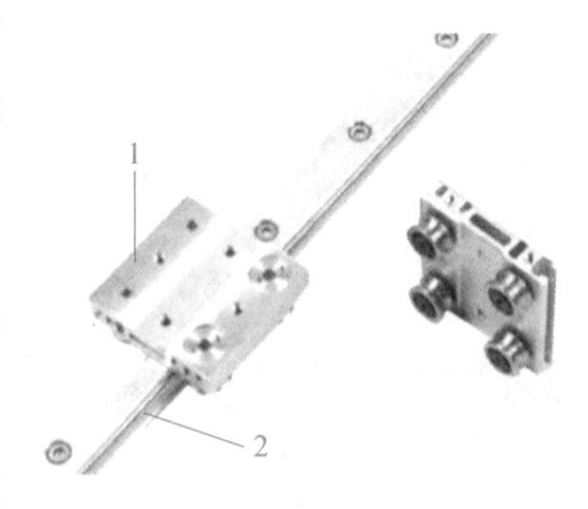

图2－32　导轨的组成

1—运动件；2—承导件

导轨的形式多种多样，按接触表面的摩擦性质可分为滑动导轨、滚动导轨和静压导轨等。

一、滑动导轨

1. 滑动导轨的截面形状

滑动导轨的运动件与承导件直接接触，其优点是结构简单、接触刚度大、制造方便、抗振性好，但是摩擦阻力大、磨损快、低速运动时易产生爬行现象。

学习笔记

滑动导轨按导轨的截面形状可分为矩形导轨、三角形导轨、燕尾形导轨和圆形导轨四类，如表2－3所示，每种截面形状又分为凸形和凹形。凹形导轨易存润滑油，但也易积灰尘污物，必须进行防护，常用于高速工况；凸形导轨恰恰相反，不易积灰尘污物，但也不易存润滑油，常用于低速工况。

表2－3　导轨的截面形状

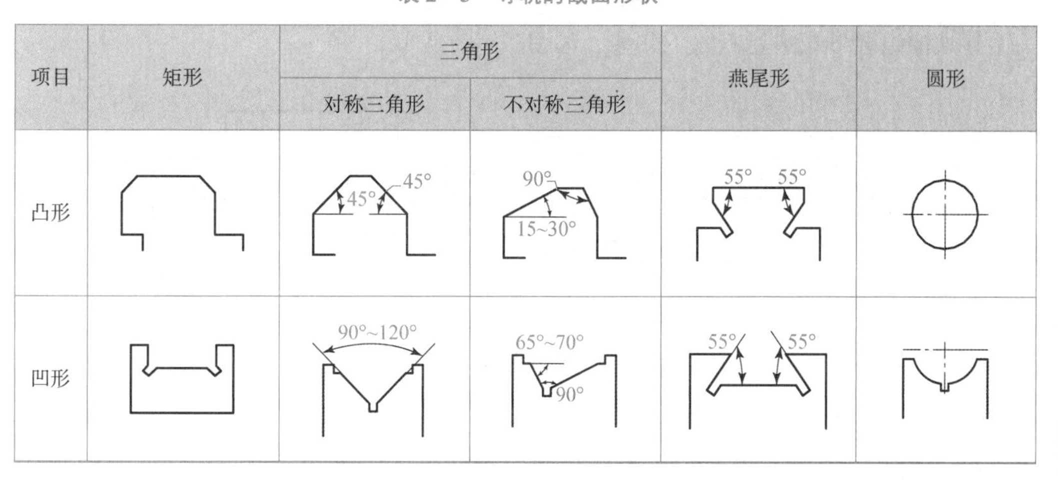

项目	矩形	三角形		燕尾形	圆形
		对称三角形	不对称三角形		
凸形		45° 45°	90° 15~30°	55° 55°	
凹形		90°~120°	65°~70° 90°	55° 55°	

1）矩形导轨

矩形导轨的承载面（顶面）与导向面（侧面）分开，精度保持性好；导轨面较宽，承载能力大，刚度大；磨损后不能自动补偿，须有调整间隙装置；水平和垂直方向的位置各不相关，安装、调整、制造、检验和修理方便。

2）三角形导轨

三角形导轨的承载面与导向面重合，在垂直载荷的作用下，磨损后能自动补偿，导向精度较高；截面顶角在90 °±30 °内变化，顶角越小，导向精度越高，但摩擦力也越大，故小顶角用于轻载精密机械，大顶角用于大型机械；凹形三角导轨也称V形导轨。如果导轨上所受的力在两个方向上的分力相差很大，应采用不对称三角形，以使力的作用方向尽可能垂直于导轨面。三角形导轨的缺点是：导轨水平与垂直方向误差相互影响，工艺性差，给制造、检验和修理带来了困难。

3）燕尾形导轨

导轨磨损后不能自动补偿间隙，需设调整间隙装置。两燕尾面起压板面的作用，用一根镶条即可调节水平与垂直方向的间隙；高度小，结构紧凑，可以承受颠覆力矩；制造、检验和维修都不方便。其一般用于运动速度不高、受力不大、高度尺寸受到限制的场合。

4）圆形导轨

制造方便，外圆采用磨削，内孔经过珩磨，可达到精密配合，但磨损后很难调整和补偿间隙。圆柱形导轨有两个自由度，适用于同时做直线运动和转动的场合。若要限制转动，可在圆柱表面开键槽或加工出平面，但不能承受大的扭矩；亦可采用双圆柱导轨。圆柱导轨用于承受轴向载荷的场合。

2. 滑动导轨的组合形式

导轨的组合形式主要有以下几种，如图 2－33 所示。

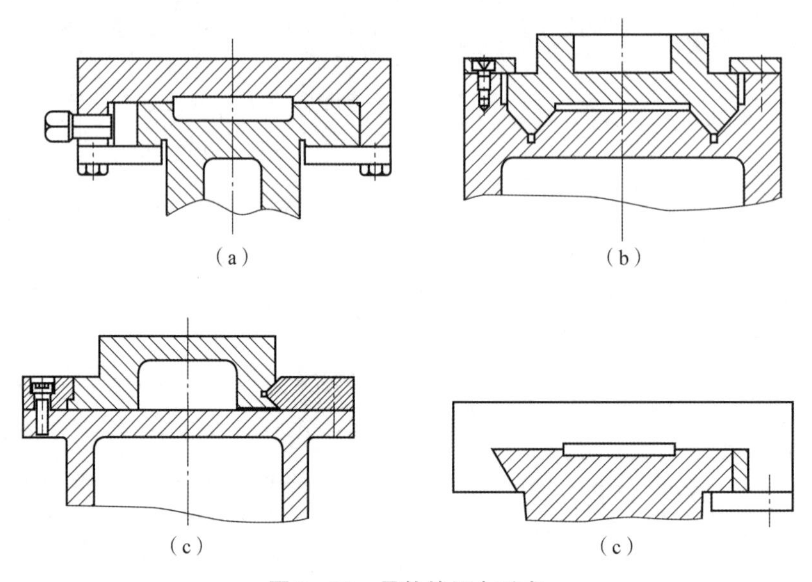

图 2－33　导轨的组合形式

（a）双矩形；（b）双三角形；（c）矩形—三角形；（d）矩形—燕尾形

1）双矩形组合

各种机械执行件的导轨一般由两条导轨组合，只有在高精度或重载下才考虑两条以上的导轨组合。两条矩形导轨的组合突出了矩形导轨的优缺点。侧面导向有以下两种组合：宽式组合，两导向侧面间的距离大，承受力矩时产生的摩擦力矩较小，为考虑热变形，则导向面的间隙较大，故会影响导向精度；窄式组合，两导向侧面间的距离小，导向面间隙较小，承受力矩时产生的摩擦力矩较大，可能产生自锁。

2）双三角形组合

双三角形组合突出了三角形导轨的优缺点，其导向精度高，但工艺性差，四个面很难同时接触，故多用于高精度机械。

3）矩形—三角形组合

导向性优于双矩形组合，承载能力优于双三角组合，工艺性介于二者之间，应用

学习笔记

广泛。若两条导轨上的载荷相等，则会产生不等摩擦力而使两导轨磨损不均匀，一般是三角形导轨比矩形导轨磨损快，磨损后又不能通过调节来补偿，从而破坏了两导轨的等高性，导轨将产生位置变化。

4）矩形—燕尾形导轨

燕尾与矩形组合时，兼具调整方便和能承受较大力矩的优点，多用于横梁、立柱和摇臂等导轨。

3. 滑动导轨间隙调整

为保证导轨正常工作，导轨滑动表面之间应保持适当的间隙：间隙过小，会增加摩擦阻力；间隙过大，会降低导向精度。导轨的间隙若依靠刮研来保证，要费很大的劳动量，而且导轨经长期使用后，会因磨损而增大间隙，需要及时调整。

常用的滑动导轨间隙调整方法有压板和镶条两种方法。对燕尾形导轨可采用镶条方法，可同时调整垂直和水平两个方向的间隙，如图 2－34 所示。对矩形导轨可采用修刮压板、修刮调整垫片的厚度或调整螺钉的方法进行间隙的调整，如图 2－35 所示。

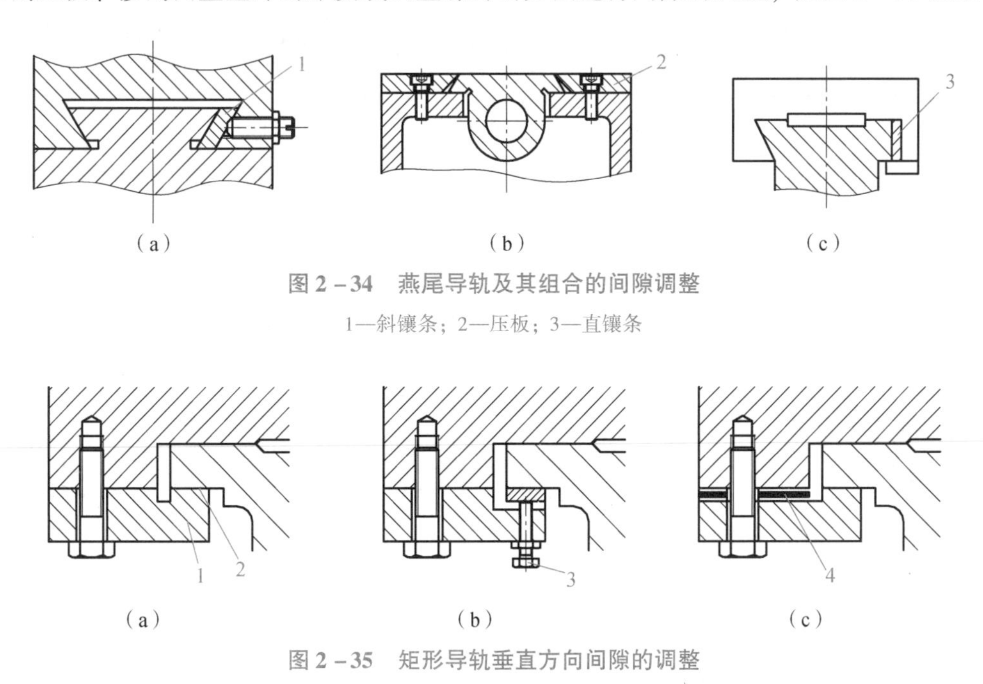

图 2－34　燕尾导轨及其组合的间隙调整

1—斜镶条；2—压板；3—直镶条

图 2－35　矩形导轨垂直方向间隙的调整

1—压板；2—接合面；3—调整螺钉；4—调整垫片

二、滚动导轨

滚动导轨是在滑块与导轨之间放入适当的滚珠、滚柱或滚针，使滑块与导轨之间的滑动摩擦变为滚动摩擦，大大降低了两者之间的运动摩擦阻力。滚动导轨磨损小，使用寿命长，定位精度高，灵敏度高，运动平稳可靠，但结构复杂，几何精度要求高，

抗振性较差，防护要求高，制造困难，成本高。它适用于工作部件要求移动均匀、动作灵敏以及定位精度高的场合，在高精密的机电产品中应用较多。目前应用较普遍的是直线滚动导轨，其结构如图 2－36 所示。

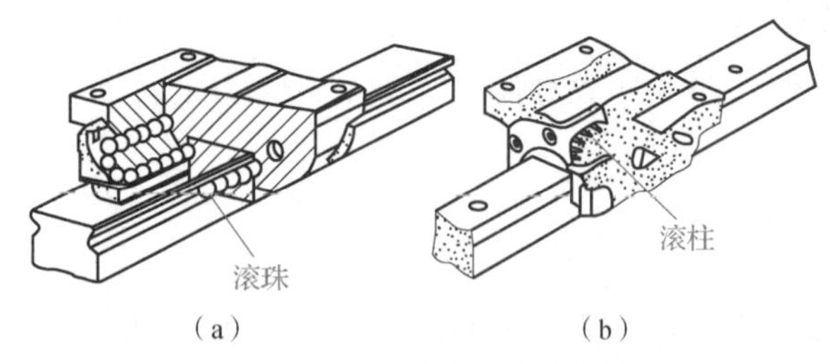

图 2－36　直线滚动导轨结构

直线滚动导轨按滚动体的形状不同，可分为滚珠式、滚柱式和滚针式三种。

（1）滚珠式：摩擦阻力小，但承载能力差，刚度低；经常工作的滚珠接触部位容易压出凹坑，适用于载荷不超过 200 N 的小型部件。

（2）滚柱式：由于为线接触，故承荷能力比滚珠式导轨高近 10 倍，刚度高；但摩擦力也较大，同时加工装配也相对复杂；对导轨面的平行度误差比较敏感，容易侧向偏移，导致磨损加剧。

（3）滚针式：与滚柱式特点相同，在结构尺寸受限制时选用。

三、静压导轨

静压导轨是在相对运动的运动件和承导件间通入压力油或压缩空气，使运动件浮起，以保证运动件和承导件间处于液体或气体摩擦状态下工作。这样，即使导轨面高低面不平，仍能平稳地运动。

1. 液体静压导轨

液体静压导轨一般用于中大型机床和仪器，如磨床、镗床、圆度仪上。根据导轨副受力情况的不同，液体静压导轨的结构可以分为开式静压导轨和闭式静压导轨。开式静压导轨仅在承导件上开油腔（平导轨不少于两个，V 形导轨不少于四个），闭式静压导轨不仅在承导件上开油腔，甚至是在两侧也开油腔。

液体静压导轨的特点如下：

（1）摩擦系数很小，使驱动功率大大降低，运动轻便灵活，低速时无爬行现象；

（2）导轨工作表面不直接接触，基本上没有磨损，能长期保持原始精度，使用寿命长；

（3）承载能力大，刚度好；

（4）摩擦发热小，导轨温升小；

（5）油液具有吸振作用，抗振性好；

（6）结构较复杂，需要一套供油设备，油膜厚度不易掌握，调整较困难。

2. 气体静压导轨

气体静压导轨是由外界供压设备供给一定压力的气体将运动件与承导件分开，运动件运动时只存在很小的气体层之间的摩擦，摩擦系数极小，适用于精密、轻载、高速的场合，在精密机械中的应用越来越广。气体静压导轨按结构形式的不同可分为开式、闭式和负压吸浮式气垫导轨三种。

知识模块三　旋转支承

旋转支承主要由滚动轴承、滑动轴承和磁力轴承等支承件承担。

一、滚动轴承

标准滚动轴承目前都已经标准化、系列化，在使用时主要根据所承受载荷类型以及转速等要求进行选用。除此之外，还要考虑刚度、抗振性和噪声等要求。标准滚动轴承的应用范围可由相关资料提供。近年来，为了适应机电一体化系统的不同要求，还开发了一些具有特殊性能的新型轴承。

1. 空心圆锥滚子轴承

空心圆锥滚子轴承是在双列圆锥滚子轴承的基础上发展起来的，它主要有两个系列，图 2-37（a）所示为双列空心圆锥滚子轴承，主要用于旋转轴的前支承；图 2-37（b）所示为单列空心圆锥滚子轴承，主要用于旋转轴的后支承，两者配套使用。空心圆锥滚子轴承的滚子是空心的，保持架需要整体加工，它与滚子之间没有间隙，这样润滑油就可以从外圈中部的径向孔中流入。此外，中空的滚子还具有一定的弹性变形能力，可以吸收一部分的振动。这两种轴承的外圈都比较宽，因此在与箱体配合时可以松一些，同时箱体孔的圆度和圆柱度误差对外圈滚道的影响也较小。

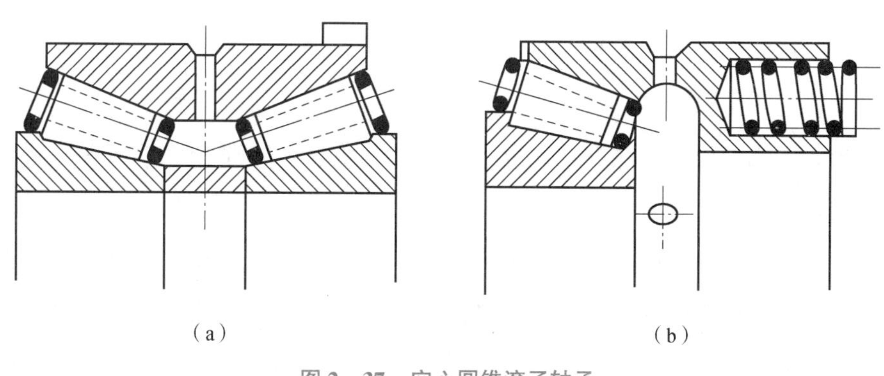

图 2-37　空心圆锥滚子轴承

（a）双列空心圆锥滚子轴承；（b）单列空心圆锥滚子轴承

学习笔记

2. 微型滚动轴轴承

高精密微型滚动轴承不仅能大大提高仪器的效率，而且对超灵敏仪表的设计制造也提供了可能性。试验表明：用微型滚动轴承代替立式止推轴承，可以大大减少摩擦。在同等条件下做旋转试验，这种微型滚动轴承的平均衰减时间是普通轴承的8倍，是锥形立式止推轴承的20倍，同样在振荡试验中也获得了一样的结果。与普通轴承相比，微型滚动轴承具有特别小的摩擦系数，耗能小，轴向的结构比较紧凑，使得它的轴向尺寸大大减小，精度高，工作效率高；具有自动调心特性的微型轴承，质量稳定可靠，同时微型滚动轴承即使长时间使用，其磨损也小到可以忽略不计。

3. 密珠轴承

密珠轴承的基本结构由主轴轴颈、轴套以及径向和轴向密集于两者之间具有过盈配合的滚珠所组成。密珠轴承的结构特点是密集和过盈。密集就是滚珠按螺旋线密集排列，即在轴承的每个径向和轴向截面内均布满了滚珠，使每个滚珠遵循自己的滚道绕主轴回转。这样的好处在于“均化”和降低了滚道表面的磨损，提高了轴系的回转精度和使用寿命。过盈就是这种轴承内主轴轴颈、滚珠和轴套三者之间均存在着过盈量，这相当于滚动轴承的预负荷作用，以消除其间隙，提高轴系的回转精度和刚度。

密珠轴承由于滚珠较多，摩擦力矩较大，所以一般不适宜高速场合，常用于低速或手动回转的高精度机械和仪器中。

二、滑动轴承

滑动轴承在运转中阻尼性能较好，因此具有良好的抗振性和运动平稳性。按照流体介质的不同，滑动轴承可分为液体滑动轴承和气体滑动轴承；液体滑动轴承根据油膜压力形成的方法不同，又可分为动压轴承和静压轴承。

液体动压轴承主要依靠轴在一定转速下旋转时，带着润滑油从间隙大的地方向小的地方流动，从而形成压力油楔将轴浮起，产生压力油膜来承受载荷。轴承中只产生一个压力油膜的叫作单油楔动压轴承，它在载荷、转速等工作条件变化时，油膜厚度和位置也随着变化，使轴心线浮动而降低了旋转精度和运动平稳性。而在旋转支承部件中常用的是多油楔动压轴承。当轴以一定的转速旋转时，轴颈稍有偏心，承载的压力油膜变薄，使得压力升高，而相对方向的压力油膜变薄使得压力降低，从而形成新的平衡。此时，承载方向的油膜压力比单油楔轴承的压力高，油膜压力越高、油膜越薄，则其刚度越大。

静压轴承系统一般由供油系统、节流器和轴承三部分组成。动压轴承在转速低于一定值时，不能形成压力油膜，如果旋转停止，压力油膜就会消失，从而产生干摩擦。而液体静压轴承则是由外界提供一定压力的润滑油，使其处于两个相对运动的表面之间，因此静压轴承需要配备一套专用的供油系统，且对供油系统有较高的要求，故轴承制造工艺复杂。

学习笔记

静压轴承除了用液体作为工作介质外，还可以用空气作为工作介质。由于空气的黏度比液体小得多，因此它消耗的功率也就小得多，适用于较高的温度和线速度，但它的承载能力较低，轴承的刚度也较差。

三、磁力轴承

传统的滚动轴承在高速旋转时，由于滚子的离心力和陀螺力急剧增大，造成发热严重和寿命缩短，而动静压轴承同样存在液体摩擦损失、发热和刚度问题。20 世纪 70 年代末期，随着高速切削技术的发展和高速切削机床的不断开发，传统的轴承已不能适应在高速电动机上应用，故而产生了磁力轴承。与传统的支承方式相比，磁力轴承不存在机械接触，转子可以达到很高的运转速度，且具有机械磨损小、能耗低、噪声小、寿命长、无须润滑、无油污染等优点，特别适用于高速、真空、超净等特殊环境。

磁力轴承的基本原理是根据转子的振幅和相位来调节电磁铁的磁力，使转子精确地悬浮在磁场中。如图 2－38 所示，磁力轴承主要由定子（固定电磁铁）、转子（旋转铁芯）、位置检测用的非接触变位传感器以及供给各电磁铁电流的电流增幅器和进行位置控制的控制器等部件组成。转子无论从哪一方面靠近定子，气隙变大一侧电磁铁的电流就增大，从而产生对转子的牵拉动作。变位传感器的信号可不间断地与基准信号进行比较，以检测出偏离平衡位置的偏差量，并将检测出的位置偏差传递给位置控

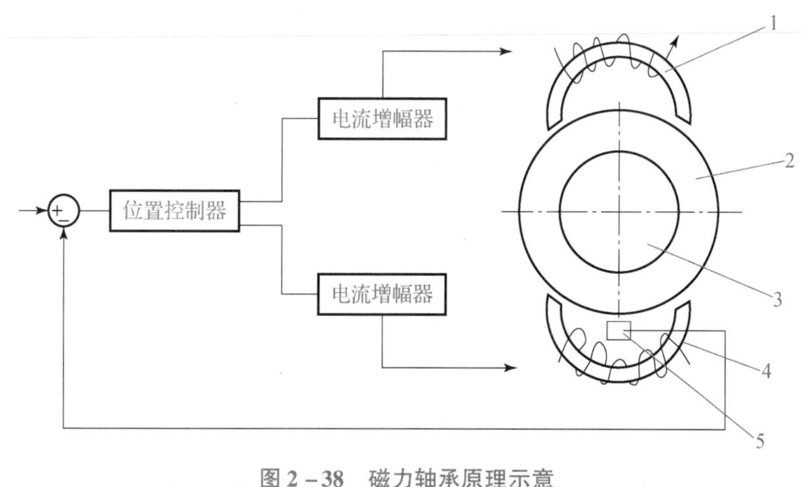

图 2－38　磁力轴承原理示意

1，4—定子；2—转子；3—轴；5—变位传感器

学习笔记

制器，该控制器对数据进行分析处理，计算出用来校正转子位置所需的电流值，由它给电磁铁的功率放大器提供所需的调整信号，以改变其电磁力，确保转子的正确旋转位置。

磁力轴承种类很多，按磁场类型可分为永久磁铁型、电磁铁型和永久磁铁—电磁铁混合型；也可按轴承悬浮力类型分为吸力型和斥力型。此外，超导磁力轴承还可分为低温超导和高温超导两种。磁力轴承常应用于机器人、精密仪器、陀螺仪和火箭发动机等。

步骤一　查阅相关资料

以小组（5~8 人为宜）为单位，查阅相关资料或网络资源，学习、了解各种支承机构，以及飞轮电池的结构特点。

步骤二　解决问题

小组间进行交流与学习，梳理知识内容，分析飞轮电池轴承的选用。

分析飞轮电池轴承的选用

飞轮电池主要由飞轮、轴承、电机、真空容器和电力电子装置等组成，如图 2－39 所示。

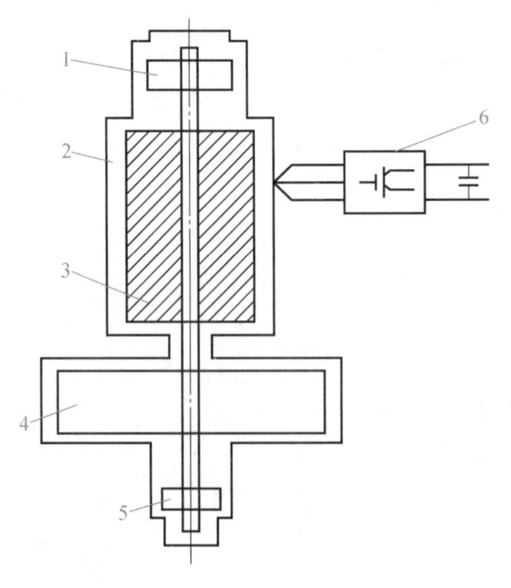

图 2－39　飞轮电池结构示意

1，5—轴承；2—真空容器；3—电机；4—飞轮；6—电力电子装置

飞轮电池的典型特征是借助功率电子技术的控制，电机既能作电动机驱动飞轮储能，又能作发电机在飞轮带动下发电运行释放能量。当给飞轮电池充电时，外设通过

电力电子装置给电机供电，电机就作为电动机使用，带动飞轮转子加速旋转，从而完成电能到机械能的转换过程，使能量以动能的形式储存起来；当外部负载需要能量时，飞轮电池放电，此时电机处于发电机运行状态，飞轮转子储存的动能通过电力电子装置转换成负载所需的电能，完成机械能到电能的释放。

利用飞轮储能，飞轮本身的能耗就变得非常突出，其能耗主要来自轴承摩擦和空气阻力。通常可以通过抽真空的办法来减小空气阻力，如选用超导磁悬浮轴承，将其摩擦损失控制在5%以内，使整个装置以最小损耗运行。

学习笔记

任务评价

评价项目	评价内容	分值/分	自评 20%	互评 20%	师评 60%	合计
职业素养 50分	劳动纪律，职业道德	10				
	积极参加任务活动，按时完成工作任务	10				
	团队合作，交流沟通能力，能合理处理合作中的问题和冲突	10				
	爱岗敬业，安全意识，责任意识，服从意识	10				
	能用专业的语言正确、流利地展示成果	10				
专业能力 50分	专业资料检索能力	10				
	了解常用移动支承机构的种类	10				
	了解常用旋转支承机构的种类	10				
	会常用支承机构的正确选型	20				
创新能力 加分20	创新性思维和行动	20				
总计		120				
教师签名：		学生签名：				

学习笔记

项目三　传感检测装置的选用

传感器的任务就是感知与测量。目前，传感器的应用如此广泛，可以说任何机械电气系统都离不开它。现代工业、现代科学探索，特别是现代军事都要依靠传感器技术。一个大国如果自身传感技术没有不断进步，必将处处被动。

本项目主要内容包括初识机电一体化系统中的传感检测装置，数控机床位移、速度检测传感器的应用分析，汽车压力、温度检测传感器的应用分析。

序号	学习结果
1	了解机电一体化系统中传感检测部件的分类、工作原理及选型
序号	知识目标
K1	了解传感器的组成、分类及应用
K2	理解传感器的基本特性
K3	理解传感器的测量电路和计算机接口
K4	理解传感器的选用原则
K5	理解位移传感器、速度传感器的结构和工作原理
K6	理解压力传感器、温度传感器的结构和工作原理
序号	技能目标
S1	会根据机电系统的设计要求选用传感器
S2	会分析机电一体化系统中所用到的传感器类型及其使用特点

续表

序号	态度目标
A1	具有自主学习的能力：学会查工具书和资料，掌握阅读方法，做到学与实践结合，逐步提升自主学习的能力
A2	具有良好的团队合作精神：通过小组项目、讨论等任务，增强合作意识，培养良好的团队精神
A3	具有严谨的职业素养：在任务分析、解决中，培养考虑问题的全面性、严谨性和科学性

项目任务

序号	任务名称	覆盖目标
T1	初识传感检测装置	K1/K2/K3/K4 S1 A1/A2/A3
T2	数控机床位移、速度检测传感器的应用分析	K5 S2 A1/A2/A3
T3	汽车压力、温度检测传感器的应用分析	K6 S2 A1/A2/A3

任务一　初识传感检测装置

任务引入

传感检测部件是机电一体化产品中的一个重要组成部分，它利用传感器检测外界环境及系统自身状态的各种物理量（如力、位移、速度、位置等）及其变化，并将这些信号转换成电信号，然后再通过相应的变换、放大、调制与解调、滤波、运算等电路将有用的信号检测出来，反馈给控制装置或送去显示。在机电一体化产品中，传感检测不仅是一个必不可少的组成部分，而且已成为机与电有机结合的一个重要纽带。

学习笔记

学习笔记

本任务在了解传感器的组成、分类、应用、基本特性，以及传感器的测量电路和接口之后，熟悉传感器的选用步骤及原则。

知识链接

知识模块一　传感器的组成与分类

“sensor”译为“传感器”，从中文字面上解释就是“传达感觉的器件”。从工程应用上看，传感器的作用就是将各种物理量（如光、热、湿度、位移）或化学量（如烟雾）转换成电信号，然后将此信号分离出来，供系统评价或标识。传感器技术是现代检测和自动化技术的重要基础之一，机电一体化系统的自动化程度越高，对传感器的依赖也就越大。

一、传感器的组成

传感器是利用物理、化学和生物等学科的某些效应或机制，按照一定的工艺和结构研制出来的。因此，传感器的组成细节有较大的差异。但总的来说，传感器通常由敏感元件、转换元件和转换电路三部分组成，如图 3－1 所示。

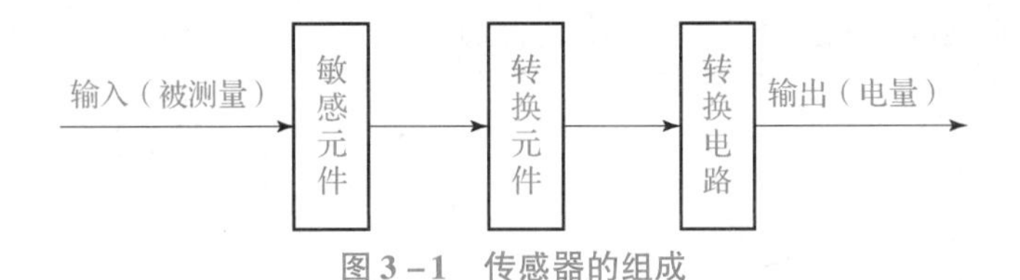

图 3－1　传感器的组成

（1）敏感元件。敏感元件能直接感受与检出待测量，并将待测量转换为某一物理量输出，如弹性敏感元件将力转换为位移或应变后进行输出。

（2）转换元件。转换元件将敏感元件输出的非电物理量转换成电信号（如电阻、电感、电容等），如将温度转换成电阻变化、位移转换为电感或电容变化。

（3）转换电路。转换电路将转换元件输出的电信号转换成便于测量的电量，如电压、电流、频率等。

当然，并不是所有的传感器都包含这三部分。有些传感器只有敏感元件，感受被测量后直接输出电动势，如热电偶；有些传感器由敏感元件和转换元件组成，无须转换电路，如压电式加速度传感器；还有些传感器由敏感元件和转换电路组成，如电容式位移传感器。此外，有些传感器，转换元件不止一个，要经过若干次转换才能输出电量。

二、传感器的分类

传感器种类繁多，分类方法也有多种，如按被测物理量分类，这种分类法明确表达了传感器的用途，便于根据不同用途选择传感器；按工作原理分类，这种分类法便于学习、理解和区分各种传感器。比较常用的传感器分类方法有以下三种：

（1）按被测量不同分类，可分为位移传感器、力传感器、速度传感器、温度传感器、流量传感器、光度传感器等。

（2）按传感器工作原理分类，可分为电阻式传感器、电容式传感器、电感式传感器、电压式传感器、霍尔式（磁式）传感器、光电式（红外式、光导纤维式）传感器、热电耦式传感器等。

（3）按传感器输出信号的性质分类，可分为开关型（输出为1或0）传感器、模拟型传感器和数字型传感器。

机电一体化系统中常用的传感器根据被测量的不同有位移检测传感器，速度、加速度检测传感器，力、力矩检测传感器，温度检测传感器等。

知识模块二　传感器的应用

随着计算机、生产自动化、现代通信、军事、交通、化学、环保、能源、海洋开发、遥感、宇航等科学技术的发展，各行业对传感器的需求量与日俱增，其应用已渗入到国民经济的各个领域以及人们的日常生活中。可以说，从太空到海洋，从各种复杂的工程系统到改善人们日常生活的衣、食、住、行，都离不开各种各样的传感器。

一、传感器在工业检测和自动控制系统中的应用

在石油、化工、电力、钢铁、机械等加工工业中，传感器在各自的工位上担负着相当于人们感觉器官的作用，它们每时每刻地根据需要完成对各种信息的检测，再把测得的大量信息传输给计算机进行处理，用以进行生产过程、产品质量、工艺管理与安全方面的控制。

二、传感器在汽车上的应用

传感器在汽车上的应用已不只局限于对行驶速度、行驶距离、发动机旋转速度以及燃料剩余量等有关参数的测量，汽车安全气囊系统、防盗装置、防滑控制系统、防抱死装置、电子变速控制装置、排气循环装置、电子燃料喷射装置及汽车“黑匣子”等新设施上都应用了传感器。随着汽车电子技术、汽车安全技术和车联网技术的发展，传感器在汽车领域的应用将会更为广泛。

三、传感器在家用电器上的应用

传感器已在现代家用电器中得到普遍应用，比如，在自动电饭锅、吸尘器、空调、热风取暖器、风干器、洗衣机、洗碗机、电冰箱等家用电器中，都有传感器的身影。随着物联网技术的发展，增加了监控用的红外报警和气体检测报警，将各种家电联网，即形成了智能家居系统。

学习笔记

学习笔记

四、传感器在机器人上的应用

在机器人的开发过程中，让机器人“看”“听”“行”“取”，甚至具有一定的智能分析能力，都离不开各种传感器。在全国各省市级的电子竞赛项目中，可以看到机器人足球赛，以及避障、循迹、灭火、生活等机器人，这些机器人都采用了众多的传感器。

五、传感器在医疗及医学上的应用

医用传感器可以对人体的表面和内部温度、血压及腔内压力、血液及呼吸流量、脉搏及心音、心脑电波等进行高准确度的检测。

六、传感器在环境保护上的应用

利用传感器制成的各种环境监测仪器在保护环境、防震减灾等方面正发挥着积极的作用。

七、传感器在航空及航天上的应用

要掌握飞机或火箭的飞行轨迹，并把它们控制在预定的轨道上运行，就要使用传感器进行速度、加速度和飞行距离的测量。要了解飞行器飞行的方向，就必须掌握它的飞行姿态，飞行姿态可以使用红外水平线传感器陀螺仪、阳光传感器、星光传感器及地磁传感器等进行测量。

八、传感器在遥感技术上的应用

所谓遥感技术，简单地说就是从飞机、人造卫星、宇宙飞船及船舶上对远距离广大区域的被测物体及其状态进行大规模探测的一门技术。遥感的关键装置是传感器，传感器在航空或航天器上接受地面物体反射或辐射的电磁波信息，并以图像胶片或数据磁带记录下来，传送到地面接收站。

知识模块三　传感器的基本特性

在机电一体化系统中有各种不同的被测量需要监测和控制，这就要求传感器能感受被测量并转换成与被测量有一定函数关系的电量。通常被测量处于不断的变化中，传感器能否将这些被测量的变化不失真地转换成相应的电量，取决于传感器的输入—输出特性，即传感器的基本特性。传感器的基本特性可用静态特性和动态特性来描述。

一、传感器的静态特性

传感器的静态特性是指当被测量处于稳定状态下，传感器的输入与输出值之间的关系。传感器静态特性的主要技术指标有线性度、灵敏度、迟滞和精确度等。

(1) 线性度。传感器的线性度是指传感器实际输出—输入特性曲线与理论直线之间的最大偏差与输出满度值之比，即：

学习笔记

$$\gamma_L = \pm\frac{\Delta_{max}}{y_{FS}}\times 100\% \tag{3-1}$$

式中：γ_L——线性度；

Δ_{max}——最大非线性绝对误差；

y_{FS}——输出满度值。

（2）灵敏度。传感器的灵敏度是指传感器在稳定标准条件下，输出量的变化量与输入量的变化量之比，即：

$$S_0 = \frac{\Delta y}{\Delta x} \tag{3-2}$$

式中：S_0——灵敏度；

Δy——输出量的变化量；

Δx——输入量的变化量。

灵敏度表示传感器对测量变化的反应能力。对于线性传感器来说，其灵敏度是个常数。

（3）迟滞。传感器在正（输入量增大）、反（输入量减小）行程中，输出—输入特性曲线不重合的程度称为迟滞，迟滞误差一般以满量程输出 y_{FS} 的百分数表示：

$$\gamma_H = \pm\frac{\Delta H_m}{y_{FS}}\times 100\% \tag{3-3}$$

式中：ΔH_m——输出值在正、反行程间的最大差值。

迟滞特性一般由试验方法确定。

（4）精确度。精确度简称精度，它表示传感器的输出量与被测量的实际值之间的符合程度，包括传感器的测量值精度和重复精度。

（5）分辨力。传感器能检测到的最小输入增量称为分辨力，在输入零点附近的分辨力称为阈值。

（6）零漂。传感器在零输入状态下，输出值的变化称为零漂，零漂可用相对误差表示，也可用绝对误差表示。

二、传感器的动态特性

传感器测量静态信号时，由于被测量不随时间变化，故测量和记录过程不受时间限制。而实际中，大量的被测量是随时间变化的动态信号，传感器的输出不仅需要精确地显示被测量的大小，还要显示被测量随时间变化的规律，即被测量的波形。传感器能测量动态信号的能力用动态特性表示。动态特性是指传感器测量动态信号时，输出对输入的响应特性。传感器动态特性的性能指标可以通过时域、频域以及试验分析的方法确定，其动态特性参数有最大超调量、上升时间、调整时间、频率响应范围、

学习笔记

临界频率等。

动态特性好的传感器，其输出量随时间的变化规律将再现输入量随时间的变化规律，即它们具有同一时间函数。但是，除了理想情况以外，实际传感器的输出信号与输入信号不具有相同的时间函数，即具有动态误差。

知识模块四 传感器的测量电路

传感器所感知、检测、转换和传递信息的表现形式为不同的电信号。传感器输出电信号的参量形式可分为电压输出、电流输出和频率输出。其中，以电压输出传感器最多，在电流输出和频率输出传感器中，除了少数直接利用其电流或频率为输出信号外，大多数配有电流—电压变换器或频率—电压变换器，以将它们转换成电压输出传感器。传感器的输出信号一般比较微弱（mV、μV 级），有时夹杂有其他信号（干扰或载波），因此，在传输过程中，需要依据传感器输出信号的具体特征和后端系统的要求，连接接口电路，对传感器输出信号进行各种形式的处理，如阻抗变换、电平转换、屏蔽隔离、放大、滤波、调制、解调、A/D 和 D/A 等。同时还要考虑在传输过程中可能受到的干扰影响，如噪声、温度、湿度、磁场等，需要采取一定的措施。

由于电子技术的发展和微加工技术的应用，现在的许多传感器中均已经配置了部分处理电路（或配置有专用处理电路），大大简化了设计和维修人员的技术难度。例如，反射式光电开关传感器中集成了逻辑控制电路；压力传感器的输出端连接专用接口处理电路后可以直接输送给 A/D；光电编码传感器输出的是 5 V 的脉冲信号，可以直接传送给计算机。

传感器输出信号种类较多，输出信号具有微弱、易衰减、非线性及易受干扰等特点。因此使用时需要选择合适的测量电路才能发挥其作用。测量电路不仅能使其正常工作，还能在一定程度上克服传感器本身的不足，并对某些参数进行补偿，扩展其功能，改善线性和提高灵敏度。要使传感器输出信号能用于仪器、仪表的显示或控制，一般要对输出信号进行必要的加工处理。

一、测量电路的基本概念及传感器输出信号的特点

在传感器技术中，通常把对传感器的输出信号进行加工处理的电子电路称为传感器测量电路。传感器输出信号一般具有以下特点：

（1）传感器输出信号的形式有模拟信号型、数字信号型和开关信号型等。

（2）传感器输出信号的种类有电压、电流、电阻、电容、电感及频率等，通常是动态的。

（3）传感器的动态范围大。

（4）输出的电信号一般都比较弱，如电压信号通常为 μV ~ mV 级，电流信号为 μA ~ mA 级。

学习笔记

(5) 传感器内部存在噪声，输出信号会与噪声信号混合在一起。当噪声比较大而输出信号又比较弱时，常会使有用信号淹没在噪声中。

(6) 传感器的大部分输出—输入关系曲线呈线性。有时部分传感器的输出—输入关系曲线是非线性的。

(7) 传感器的输出信号易受温度的影响。

二、测量电路的作用

在各种数控设备及自动化仪表产品中，对被测量的检测控制和信息处理均采用计算机来实现。因此，传感器输出信号需要通过专门的电子电路进行必要的加工、处理后才能满足要求。传感器输出信号经过加工后可以提高其信噪比，并易于传输和与后续电路环节相匹配。传感器测量电路可由各种单元电路组成，常用的单元电路有电桥电路、谐振电路、脉冲调宽电路、调频电路、取样保持电路、A/D 和 D/A 转换电路、调制解调电路。随着计算机技术和微电子技术的进一步发展，各种数字集成块及专用模块的应用会越来越广泛。

在测量系统中，传感器测量电路只是一个中间环节。根据测量项目的要求，测量电路有时可能只是一个简单的转换电路，有时则要与数台为了完成某些特定功能的仪器、仪表相组合。

三、测量电路的要求

选用传感器测量电路主要是根据传感器输出信号的特点、装置和设备等对信号的要求来确定的，还要考虑工作环境和整个检测系统对它的要求，并采取不同的信号处理方式。一般情况下，应考虑以下几个方面的要求：

(1) 在测量电路与传感器的连接上，要考虑阻抗匹配问题，以及电容和噪声的影响。

(2) 放大器的放大倍数要满足显示器、A/D 转换器或 I/O 接口对输入电压的要求。

(3) 测量电路的选用要满足自动控制系统的精度、动态特性及可靠性要求。

(4) 测量电路中采用的元器件应满足仪器、仪表或自动控制装置使用环境的要求。

(5) 测量电路应考虑温度影响及电磁场的干扰，并采取相应的措施进行补偿修正。

(6) 电路的结构、电源电压和功耗要与自动控制系统整体相协调。

四、传感器测量电路的类型及组成

由于传感器品种繁多，输出信号的形式各不相同，因此其输出特性也不一样。后续仪器、仪表和控制装置等对测量电路输出电压的幅值和精度要求也各不相同，所以构成测量电路的方式和种类也不尽相同。按传感器输出信号的要求，可将传感器检测电路分为模拟型测量电路、数字型测量电路和开关型测量电路，见表 3 – 1。

表 3-1　传感器检测电路分类

<table>
<tr><th>名称</th><th>作用</th></tr>
<tr><td>模拟型测量电路</td><td>用于电阻应变式、电感式、电容式、电热式等输出模拟信号的传感器</td></tr>
<tr><td rowspan="2">数字型测量电路</td><td>绝对编码数字式传感器测量电路：传感器输出的编码与被检测量一一对应，每一码道的状态由相应的光电元件读出，经光电转换、放大整形后，得到与被测量相对应的编码</td></tr>
<tr><td>增量编码数字式传感器测量电路：主要用于增量编码数字式传感器输出信号的测量，如光栅、磁栅、容栅、同步感应器、激光干涉器等传感元件输出信号的测量</td></tr>
<tr><td>开关型测量电路</td><td>主要用于光电开关、触点开关通/断信号的检测，电路的实质是对检测信号的放大或降压/分流等</td></tr>
</table>

知识模块五　传感器与计算机的接口

一、接口的作用

机电一体化系统和设备由众多不同类型的元器件和部件组成。这些元器件和部件有机械类的、电器类的、控制类的和计算机类的，它们之间需要用接口连接，才能形成一个有完整功能的控制整体。接口的选择、接口性能的好坏以及它的使用可靠性对系统的性能有着很大的影响。

二、机电一体化系统中接口的种类

由于机电一体化系统和设备中的元器件不仅有机械类的、电器类的、控制类的和计算机类的，而且机械类中还有气动和液动两种类型，控制元器件还有光、超声、同位素等，接口的类型繁多。

机电一体化系统中，不同类型元器件间常用的接口类型如下：

（1）电子—电气接口，如功率放大器等。

（2）电气—液气接口，如各类阀、电液脉冲电动机等。

（3）液—电接口，如压力、流量、温度传感器等。

（4）机械—电气接口，如力、位移、速度、加速度传感器等。

（5）模拟量—数字量相互转换接口，如（A/D）模数转换器和（D/A）数模转换器等。

（6）软件接口，如软件连接用的子程序等。

目前，接口技术已成为机电一体化领域的一个重要技术，特别是在先进的计算机控制系统中，接口功能的优劣将直接影响系统的性能。

学习笔记

三、对传感器接口电路的要求

一般来说，对传感器接口电路有以下要求：

（1）尽可能提高包括传感器和接口电路在内的整体效率。

（2）具有一定的信号处理能力。

（3）提供传感器所需的驱动电源（信号）。

（4）具有尽可能完善的抗干扰和抗高压冲击保护机制。

四、传感器与计算机的接口

在传感器的使用中，有相当一部分测量值要用计算机进行处理，因而在确定检测系统和搭接测量线路时，还需考虑到输入计算机的信息必须是能被接收、处理的数字量信号。根据传感器输出信号的不同，通常有以下 3 种相应的接口方式。

（1）模拟量接口方式：传感器输出信号→放大→取样/保持→模拟多路开关→A/D 转换→I/O 接口→计算机。

（2）开关量接口方式：开关型传感器输出（逻辑 1 或 0）信号→缓冲器→计算机。

（3）数字量接口方式：数字式传感器输出数字信号（二进制代码、BCD 码及脉冲序列等）→计数器→缓冲器→计算机。

根据模拟量转换输入的精度、速度与通道等因素要求，又有四种转换输入方式，如表 3－2 所示。在这四种方式中，其基本的组成元件是相同的。

表 3－2　模拟量转换输入方式

类型	组成原理框图
单通道直接型	单通道直接型是最简单的形式。只用一个 A/D 转换器及缓冲器将模拟量转换成数字量，并输入计算机。受转换电压幅值及速度限制
多通道一般型	多通道一般型能依次对每个模拟通道进行取样保持和转换，节省元器件，速度低，能获得同一瞬间各通道的模拟信号

续表

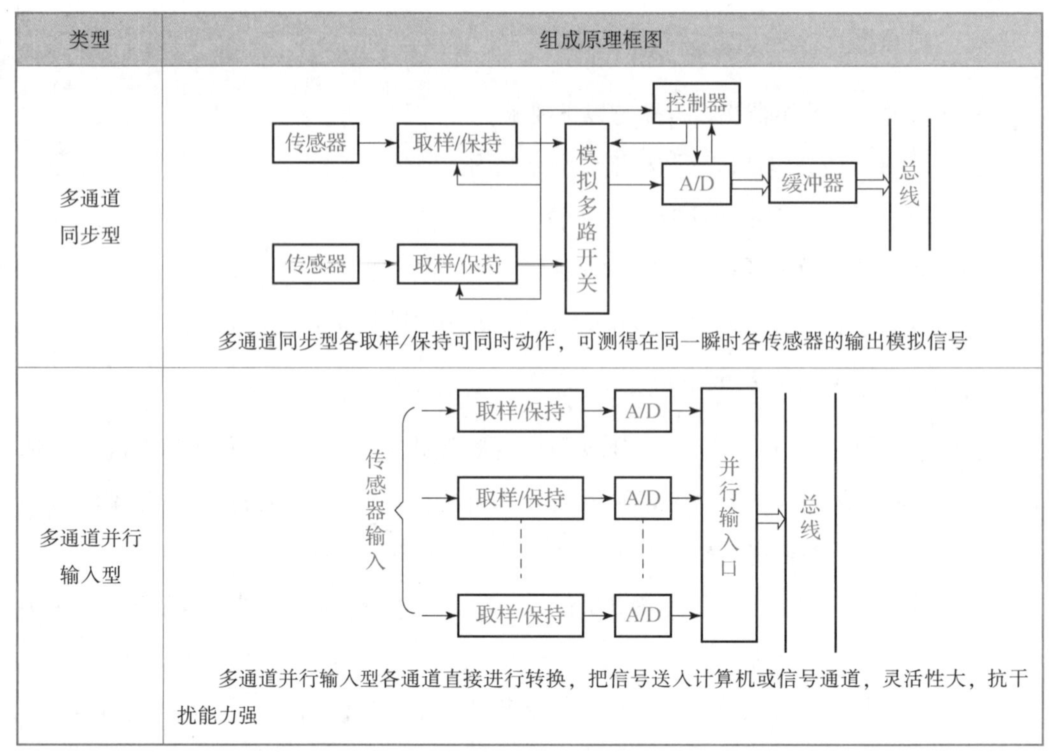

类型	组成原理框图
多通道同步型	多通道同步型各取样/保持可同时动作，可测得在同一瞬时各传感器的输出模拟信号
多通道并行输入型	多通道并行输入型各通道直接进行转换，把信号送入计算机或信号通道，灵活性大，抗干扰能力强

知识模块六　传感器的选用

一、传感器的性能指标

传感器的好坏一般通过若干个主要性能指标来表示，见表 3 – 3。

表 3 – 3　传感器的主要性能指标

项目		相应指标	
基本参数	量程	测量范围	在允许误差极限内，传感器可测量值的范围
		量程	测量范围的上限值（最高值）和下限值（最低值）之差
		过载能力	在不致引起规定性能指标永久改变的条件下，传感器允许超过测量范围的能力。一般用允许超过测量上限或下限的被测量值与量程的百分比表示
	灵敏度	灵敏度、分辨力、阈值	
	静态精度	精确度、线性度、迟滞	
	动态性能	频率响应范围、临界频率、幅频特性、相频特性、最大超调量、上升时间、调整时间	

续表

项目		相应指标
环境参数	温度	工作温度范围、温度误差、温度漂移、温度系数、热滞后
	振动、冲击	允许各向抗冲击振动的频率、振幅及加速度，冲击振动所允许引入的误差
	其他	抗潮湿、抗介质腐蚀能力，抗电磁干扰能力等
可靠性		工作寿命、平均无故障时间、保险期、疲劳性能、绝缘电阻、耐压性能
使用条件		供电方式（直流、交流、频率、功率等）、外形尺寸、重量、外壳材质、安装方式等
经济性		性价比

表 3－3 列出了在选用传感器时，应考虑的一些性能指标。对于不同的传感器，应根据实际需要，确定其主要性能参数指标。一个高性能的传感器应具备以下特点：

（1）高精度、低成本。应根据实际要求合理确定精度与成本的关系，尽量提高精度，降低成本。

（2）高灵敏度，高信噪比，响应快。

（3）安全可靠，使用寿命长。

（4）稳定性好，抗干扰能力强。

（5）结构简单，体积小，维护方便，通用性强，功耗低。

二、选用传感器的准则

无论何种传感器，作为测量与控制系统的首要环节，通常都必须具有快速、准确、可靠且又经济的实现信息转换的基本要求。因此，选择传感器应从以下几个方面考虑：

（1）检测要求和条件。检测要求和条件包括测量目的、被测物理量选择、测量范围、输入信号最大值和频带宽度、测量精度要求、测量所需时间要求等。

（2）传感器特性。传感器特性包括精度、稳定性、响应速度、输出量性质、对被测物体产生的负载效应、校正周期、输入端保护等。

（3）使用条件。使用条件包括安装条件、工作场地的环境条件（温度、湿度、振动等）、测量时间、所需功率容量、与其他设备的连接、备件与维修服务等。

以上是选择传感器的主要出发点。总之，为了提高测量精度，应从传感器的使用目的、使用环境、被测对象状况、精度要求和信号处理等方面综合考虑，注意传感器的工作范围要足够大；与测量或控制系统相匹配性好，转换灵敏度高和线性程度好；

学习笔记

响应快，工作可靠性好；精度适当，且稳定性好；适用性和适应性强，即动作能量小，对被测量状态的影响小；内部噪声小而又不易受外界干扰的影响，使用安全；使用经济，即成本低、寿命长，且易于使用、维修和校准。

三、选用传感器的步骤

选用传感器主要有以下三个步骤：

（1）考虑采用何种类型的传感器。

基于不同原理的多种传感器都可以对统一对象进行测量，而至于采用基于何种原理的传感器才能达到要求，则需要综合考虑。一般情况下，根据被测对象的特点及传感器的使用条件，需优先考虑以下几个方面：量程的大小；被测位置对传感器的要求；测量方式（接触式或非接触式）；信号的输出方式；传感器的价格。

（2）考虑传感器的具体性能指标。

确定使用何种类型的传感器之后，再考虑传感器的具体性能指标。

（3）若无法选到合适的传感器，则可以考虑自制。

对于一些特殊的使用场合，若无法选到合适的传感器，则可考虑自制传感器，但要确保自制传感器达到应用的要求。

四、选用传感器的工程经验

在机电一体化系统中，传感器是非常重要的一个环节。如果没有传感器对所测对象的精确测量，就无法得到所需的信息，精确控制就不可能实现，自动控制也就无从谈起。在工程设计中，需特别注意以下几个方面。

（1）重视对传感器的选型。各式各样的传感器为工程技术人员提供了选择的多样性，传感器的选型对整个系统的性能优劣影响非常大，是一个不可忽视的环节。

（2）所选用传感器的精度要高于机电一体化系统的总体精度。

（3）不选用达不到静态特性与动态特性的传感器。

传感器的静态特性和动态特性，对于保证系统无失真地将检测信号转换成电信号起着决定性作用。在选用时应注意考虑以下几个方面：

（1）灵敏度与信噪比。传感器的灵敏度越高，与被测量无关的外界噪声越容易被系统放大，从而影响测量精度。因此，灵敏度最高的传感器并不一定是最适合系统的。在选用传感器的同时，还要考虑信号和噪声的关系，即信噪比（S/N）。信噪比是传感器输出信号中的信号分量与噪声分量平方的平均值之比。若 S/N 太小，则信号和噪声难以区分；当 $S/N=1$ 时，信号和噪声完全不能被辨认；$S/N<10$ 的传感器不宜选用。

学习笔记

（2）线性度。由补偿电路、放大器和运算电路等引起的非线性因素需综合加以考虑。

（3）迟滞。应尽量选用迟滞较小的传感器。

（4）环境特性。能影响传感器的环境因素非常多，如温度、气压、湿度、振动、电压等。大多数传感器都是采用半导体材料制造的，而半导体材料对温度最为敏感。因此，温度因素对传感器影响最大，在实际应用中要特别注意。

（5）稳定性。在连续工作时，即使输入量恒定，传感器的输出量也会朝着一个方向偏移，即出现温漂现象。在选用传感器时，除了要考虑传感器自身所产生的温漂外，还要考虑电子电路的温漂。

（6）不选用过时、已淘汰的传感器。

任务实施

步骤一　参观实训场地设备

现场参观传感器实训室，了解和认识什么是传感器。

步骤二　查阅相关资料

以小组（5~8人为宜）为单位，查阅相关资料或网络资源，学习、了解传感器的应用和性能指标。

步骤三　解决问题

小组间进行交流与学习，梳理知识内容，分析、总结传感器的选用原则。

任务评价

评价项目	评价内容	分值/分	自评 20%	互评 20%	师评 60%	合计
职业素养 50分	劳动纪律，职业道德	10				
	积极参加任务活动，按时完成工作任务	10				
	团队合作，交流沟通能力，能合理处理合作中的问题和冲突	10				
	爱岗敬业，安全意识，责任意识，服从意识	10				
	能用专业的语言正确、流利地展示成果	10				

续表

评价项目	评价内容	分值/分	自评20%	互评20%	师评60%	合计
专业能力50分	专业资料检索能力	10				
	了解传感器的组成、分类及应用	5				
	理解传感器的基本特性	5				
	理解传感器的测量电路、计算机接口	10				
	理解传感器的选用原则	10				
	会根据机电系统的设计要求选用传感器	10				
创新能力加分20	创新性思维和行动	20				
总计		120				
教师签名：		学生签名：				

任务二　数控机床位移、速度检测传感器的应用分析

任务引入

数控机床是一种装有程序控制系统的自动化机床，能够根据已编好的程序，使机床动作并加工零件。它综合了机械、自动化、计算机、测量以及微电子等技术，使用了多种传感器。本任务在了解机电一体化系统中常用的位移、速度传感器的结构和工作原理之后，观察数控机床的位移、速度检测，并记录位移、速度检测中所用到的传感器类型，说明其使用特点。

知识链接

知识模块一　位移检测传感器

一、位移检测传感器概述

在实际工程中，位移的测量一般分为测量机械位移和测量实物的尺寸两种，机械位移包括线位移和角位移。常用的位移传感器及其特点见表3－4。

表 3-4 常用的位移传感器及其特点

类型	特点
电感式位移传感器	主要用于小位移的测量，如尺寸偏差、形位误差、表面粗糙度等。测量精度高，可达亚微米级，有较强的抗干扰能力
变压器式位移传感器	特点与电感式传感器相同
电涡流式位移传感器	主要用于尺寸和位移的偏差测量。用于不接触测量，测量范围较小，同时要求被测对象是非铁磁性金属材料，精度可达到微米级
电容式位移传感器	主要用于小位移测量，可实现不接触测量，在数控机床轴系测量中得到广泛应用；易受外界因素干扰，需采取屏蔽措施，精度可达到几微米至几十纳米； 利用容栅可实现大位移测量（测量达数百毫米），精度可达到几微米，常用于数显量具中
电位器式位移传感器	可用于中小位移（偏差在几十毫米）和角度的测量，结构简单，成本低，用于精度要求不高的场合
应变片式位移传感器	主要用于力或热产生的变形的测量，测量精度达到微米级
感应同步器	用于大位移的测量，可测长达几米的线位移和360°内角位移的测量，精度可达到每米几微米或几角秒。抗干扰能力强，对环境要求不高，广泛用于各种数控机床的数显装置、中低精度的坐标测量机上
磁栅式传感器	用于大位移的测量，应用环境要求没有强磁场的干扰。常用于中等精度的数控机床
光栅位移传感器	用于大位移的测量。测量精度高，可达到1～2 μm/m，对环境要求较高。常用于精密机床、多坐标测量机和传动链测量仪中
光电编码器	光电编码器有两种基本类型：增量式编码器和绝对式编码器。增量式编码器在机器人和数控机床中常用。绝对式编码器主要用于抗干扰要求特别高和需长期监视其角度位置（如航天装置）的场合
激光式位移传感器	主要用于大量程、高精度线位移的测量，精度可达到0.1～0.2 μm/m，对应用环境有严格要求
气电转换传感器	常用于大批生产的小位移或形状误差的测量，精度可达1 μm左右，可实现不接触测量
压电式位移传感器	只能用于不断变化的位移测量，精度低，但电路简单，成本较低廉
霍尔位移传感器	可实现不接触测量，主要用于一些特殊场合，如测振动位移或精度要求不高的场合，如接近开关

位移检测传感器的种类很多，工作原理也各不相同，下面将对在机电一体化系统中常用的位移检测传感器进行介绍。

二、感应同步器

感应同步器是利用电磁感应原理把位移量转换成电信号的一种位移传感器。按被测位移的不同，可分为直线型和旋转型两类，它们分别用来检测直线位移和角位移。

感应同步器有很高的精度和分辨率，抗干扰能力强，测量距离长，结构简单，工作可靠，使用寿命长，成本低，受环境温度影响小，广泛应用于高精度数控机床上。但由于其输出信号弱，信号处理麻烦，配套用于信号处理的电子设备（一般称为数显表）比较复杂，价格较高。

1. 感应同步器的结构

直线型和旋转型感应同步器均由固定部件和运动部件两部分组成，其上各有绕组，但两者固定件、运动件和其绕组的形状不同。

直线感应同步器的组成如图 3－2 所示，其主要由定尺和滑尺两部分组成，滑尺和定尺相对平行安装，其间保持一定间隙（0.05～0.2 mm）。定尺上的绕组是连续的。滑尺上分布着两个励磁绕组，分别为正弦绕组和余弦绕组，当正弦绕组与定尺绕组相位相同时，余弦绕组与定尺绕组在空间上错开 1/4 节距，如图 3－3 所示。

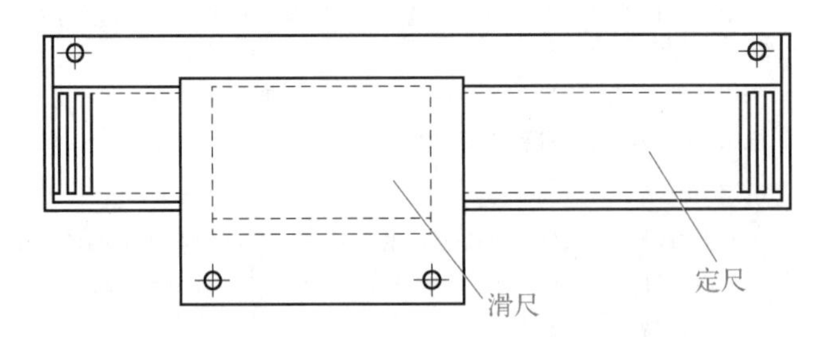

图 3－2　直线感应同步器的组成

旋转感应同步器的结构如图 3－4 所示，其绕组由辐射状的导片组成。转子上的绕组是单相连续绕组，其径向导片数也称为极数。定子绕组分为正弦绕组和余弦绕组，交替排列，各自串联形成两相绕组。

2. 感应同步器的工作原理

感应同步器利用感应电压的变化进行位置检测。以直线感应同步器为例，当只给滑尺的任一个绕组加交流励磁电压时，由电磁感应原理分析可得，定子绕组中产生的感应电动势的幅值与相位和励磁有关，也与滑尺和定尺的相对位移有关。当励磁一定

学习笔记

图 3-3　直线感应同步器绕组形式

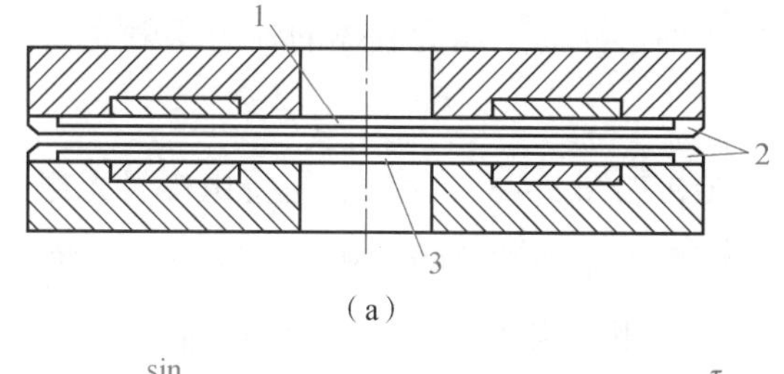

(a)

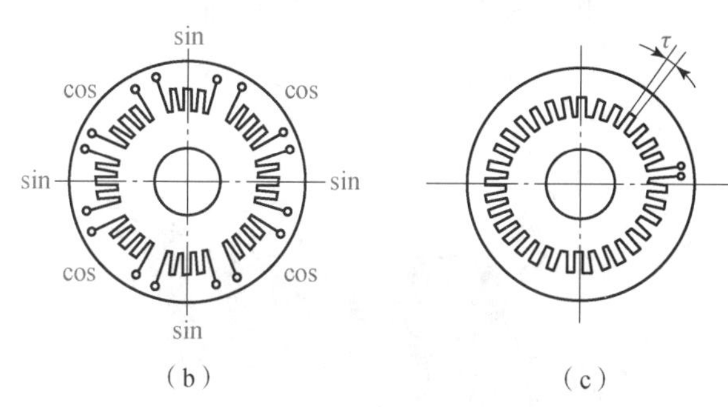

(b)　　(c)

图 3-4　旋转感应同步器结构

(a) 旋转感应同步器截面结构;

(b) 定子绕组形式; (c) 转子绕组形式

1—定子绕组; 2—静电屏蔽层; 3—转子绕组

时，感应电动势随着滑尺相对定尺的移动发生周期性变化，周期为一个节距。因此，可以通过测量感应电动势来检测位移。

根据对滑尺绕组供电方式的不同，以及对输出电压检测方式的不同，感应同步器的测量方式分为鉴幅型感应同步器和鉴相型感应同步器两种。

鉴幅型感应同步器是在滑尺的正弦、余弦绕组上同时施加相同频率、相同相位，但幅值不同的励磁电压，使定尺上感应电动势的幅值随着滑尺与定尺的相对位移呈周期性变化。鉴幅型感应同步器可通过测量输出电压的幅值来检测位移。

鉴相型感应同步器是在滑尺的正弦、余弦绕组上分别施加相同频率、相同幅值，

但相位相差90°的励磁电压，使定尺感应电动势的相位角随着滑尺与定尺的相对位移呈周期性变化。鉴相型感应同步器可通过测量输出电压的相位角来检测位移。

三、光栅位移传感器

光栅位移传感器是一种将机械位移或模拟量转变为数字脉冲的测量装置。其特点是测量精确度高（可达到±1 μm）、响应速度快、量程范围大、可进行非接触测量等，易于实现数字测量和自动控制，广泛用于数控机床和精密测量中。

1. 光栅的构造

所谓光栅，就是在透明的玻璃板上均匀地刻画出许多明暗相间的条纹，或在金属镜面上均匀地划出许多间隔相等的条纹，通常线条的间隙和宽度相等。以透光的玻璃为载体的称为透射光栅，不透光的金属为载体的称为反射光栅。根据光栅的外形还可分为直线光栅和圆光栅。

光栅位移传感器的结构如图3－5所示，它主要由标尺光栅、指示光栅、光电器件和光源等组成。通常，标尺光栅和被测物体相连，随着被测物体的直线位移而产生位移。一般标尺光栅和指示光栅的刻线密度是相同的，而刻线之间的距离 W 称为栅距。光栅条纹密度一般为25条/mm、50条/mm、100条/mm、250条/mm等。

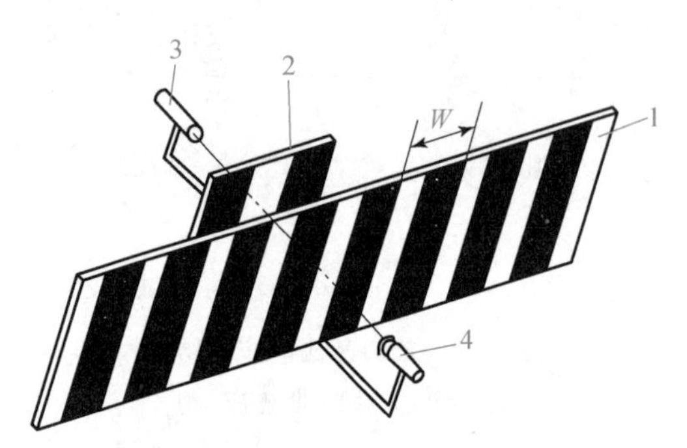

图3－5　光栅位移传感器的结构

1—标尺光栅；2—指示光栅；3—光电器件；4—光源

2. 工作原理

如果把两块栅距 W 相等的光栅平行安装，且让它们的刻线之间有较小的夹角 θ，则光线透过两块光栅刻线非重合的部分就会形成亮带，如图3－6所示，这些明暗相间的条纹就是莫尔条纹。

莫尔条纹具有以下特点：

（1）莫尔条纹的移动与光栅的移动成比例。当指示光栅与标尺光栅间相对左右移动一个栅距 W 时，莫尔条纹就上下移动一个条纹间距 B。

（2）放大作用。莫尔条纹的间距 B 与两光栅条纹夹角 θ 之间关系为

$$B=\frac{W}{2\sin\frac{\theta}{2}}\approx\frac{W}{\theta} \tag{3-4}$$

式中：θ 的单位为 rad，B、W 的单位为 mm。

从放大作用的公式可以看出，通过减小 θ 可增大莫尔条纹移动量 B。也就是说，通过减小 θ，在指示光栅与标尺光栅相对移动一个很小的 W 距离时，可以得到一个很大的莫尔条纹移动量 B，可以通过测量莫尔条纹的移动来检测光栅微小的位移，从而实现高灵敏度的位移测量。

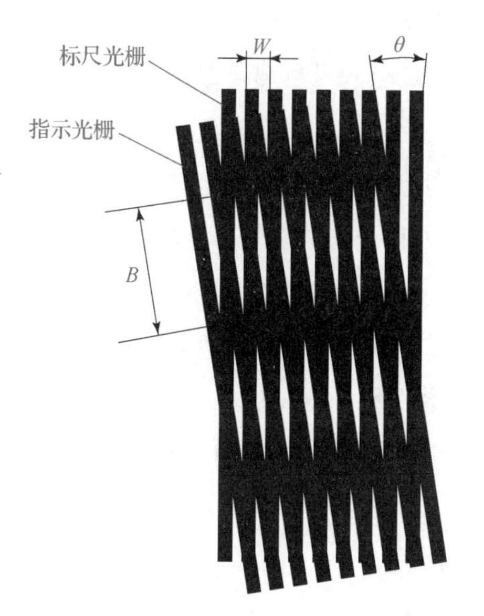

图 3-6　莫尔条纹

（3）平均光栅误差。莫尔条纹具有平均光栅误差的作用，莫尔条纹由一系列刻线的交点组成，它反映了形成条纹的光栅刻线的平均位置，对各栅距误差起到了平均作用，减弱了光栅制造中的局部误差和短周期误差对检测精度的影响。

从固定点观察到的莫尔条纹光强的变化近似于正弦波变化，即光栅移动一个栅距，光强变化一个周期。通过光电元件，可将莫尔条纹移动时光强的变化转换为近似正弦变化的电压信号，再将此电压信号放大、整形变换为方波，经微分转换为脉冲信号，最后经辨向电路和可逆计数器计数用数字形式显示出位移量。其中，位移量等于脉冲数与栅距乘积，测量分辨率等于栅距。

提高测量分辨率的常用方法是细分，且电子细分应用较广。这种方法可在光栅相对移动一个栅距的位移（电压波形在一个周期内）时，得到 4 个计数脉冲，将分辨率提高 4 倍，这就是通常所说的电子四倍频细分。

四、光电编码器

光电编码器是一种旋转式的检测角位移的传感器，并将角位移用脉冲形式表示，故又称光电脉冲编码器。它有两种基本类型：增量式编码器和绝对式编码器。增量式编码器具有结构简单、价格低、精度易于保证等优点，所以目前采用得最多。绝对式编码器能直接给出对应于每个转角的数字信息，便于计算机处理，但其结构复杂、成本高。

学习笔记

1. 增量式光电编码器

增量式光电编码器是指随着转轴旋转的码盘给出一系列脉冲，然后根据旋转方向用计数器对这些脉冲进行加减计数，以此来表示转过的角位移量的检测元件。增量式光电编码器的结构如图 3－7 所示。

增量式光电编码器由主码盘、鉴向盘、光学系统和光电变换器组成。在图形主码盘（光电盘）的周边刻有节距相等的辐射状窄缝，形成均匀分布的透明区和不透明区。鉴向盘与主码盘平行，并刻有 A、B 两组透明检测窄缝，它们彼此错开 1/4 节距，以使 A、B 两个光电变换器的输出信号在相位上相差 90°。工作时，鉴向盘静止不动，主码盘与转轴一起转动，光源发出的光线投射到主码盘与鉴向盘上。当主码盘上的不透明区正好与鉴向盘上的透明窄缝对齐时，光线全部被遮住，光电变换器输出电压为最小；当主码盘上的透明区正好与鉴向盘上的透明窄缝对齐时，光线全部通过，光电变换器输出电压为最大。主码盘每转过一个刻线周期，光电变换器 A、B 将输出两组近似于正弦波的电压信号，且两输出电压相位差为 90°。这些正弦波电压经过放大、整形电路变换成方波，从而可测算出轴的相对转角和转动方向。通过测量脉冲的频率或周期，可利用增量式光电编码器测量轴的转速。

2. 绝对式光电编码器

绝对式光电编码器是通过读取码盘上的图案信息，把被测转角直接转换成相应代码的检测元件。绝对式光电编码器的结构如图 3－8 所示。

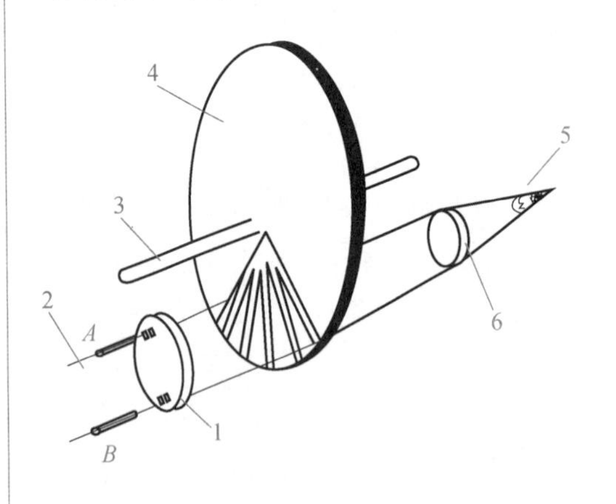

图 3－7　增量式光电编码器的结构

1—鉴向盘；2—光电变换器；3—旋转轴；4—主码盘；5—光源；6—透镜

图 3－8　绝对式光电编码器的结构

1—旋转轴；2—绝对式码盘；3—光源（发光二极管）；4—狭缝光栅；5—光电元件

绝对式光电编码器使用具有多通道的二进制码盘，这种码盘的绝对角位移由各通道透光与不透光部分组成的二进制数表示，通道越多，码盘的分辨率就越高。工作时，码盘的一侧放置光源，另一侧放置光电元件，码盘与转轴一起转动，光线在码盘另一侧形成光脉冲，光电元件接收光脉冲信号，并将其转换成相应的电信号，经放大、整形后，形成数字电信号。

但由于制造和安装精度的影响，纯二进制码盘回转在两码段交替过程中会产生读数误差。为了消除这种误差，可采用循环码盘（格雷码盘）和带判位光电装置的二进制循环码盘。

知识模块二 速度检测传感器

一、速度检测传感器概述

速度检测传感器是线速度和角速度检测传感器的总称，速度的检测有许多方法，可以使用直流测速机直接测量速度，也可以通过检测位移换算出速度。典型的速度检测传感器及其特点见表 3－5。

表 3－5 典型的速度检测传感器及其特点

类型	特点
光电式速度传感器	精度高，非接触测量，工作可靠，结构简单，成本低，体积小，质量轻
电容式速度传感器	精度可达到 ±1 脉冲，非接触测量，工作可靠，结构简单
电涡流式速度传感器	精度可达到 ±1 脉冲，非接触测量，结构简单，耐油及污水
霍尔式速度传感器	精度可达到 ±1 脉冲，结构简单，体积小，但对温度敏感
测速发电机	线性度好，灵敏度高，输出信号大，性能稳定，用于测量和自动调节电动机的转速
多普勒效应测速	精度高，测量范围宽，非接触测量，但装置复杂，成本较高

二、直流测速发电机

在机电一体化领域中，对旋转运动的速度测量较多，而且直线运动速度也经常通过旋转速度间接测量。目前广泛使用的速度传感器是测速发电机，它能将输入的机械转速变换为电压信号输出，通常要求电机的输出电压与转速成正比关系。

测速发电机分为直流测速发电机和交流测速发电机。直流测速发电机按定子磁极的励磁方式，分为永磁式和电磁式两种；交流测速发电机分为同步测速发电机和异步测速发电机两种。

直流测速发电机的原理与发电机相似，图 3－9 所示为电磁式直流测速发电机的原理图，它实际上就是一台微型直流发电机。测速发电机的定子绕组通电产生恒定磁场，

学习笔记

学习笔记

当转子在磁场中旋转时，电枢绕组切割磁通，产生交变感应电动势，并经换向器和电刷转换成与转速成正比的直流电动势。

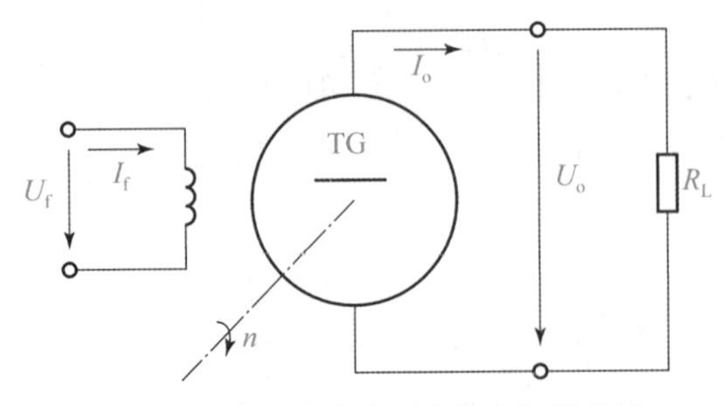

图 3-9　电磁式直流测速发电机原理图

直流测速发电机输出特性曲线如图 3-10 所示，图中实线表示理想值，虚线表示实际值。从图中可以看出，当负载电阻 $R_{L1}\to\infty$时，其输出电压 U_o 与转速 n 成正比。对于不同的负载电阻 R_L，测速发电机输出特性的斜率随着负载电阻的减小而变小，实际的输出电压与转速之间并不是严格保持正比关系，存在着非线性误差。产生这种误差的主要原因有：电枢反应的去磁作用使得气隙磁通不是常数，电刷接触存在压降、温度影响等。在实际应用中通常会采取相应的措施来减小误差。

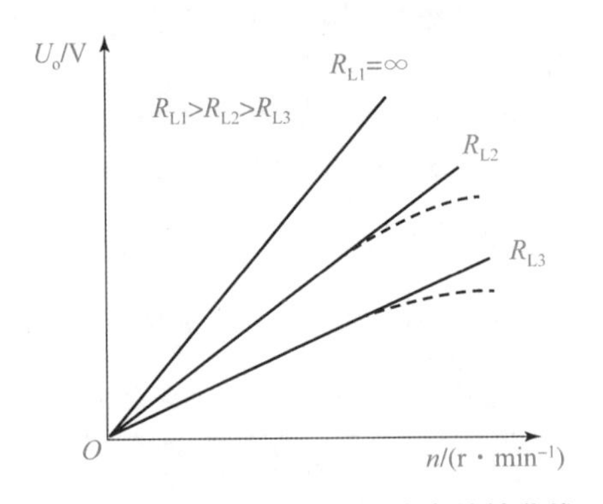

图 3-10　直流测速发电机输出特性曲线

直流测速发电机在机电控制系统中主要用作测速和校正元件。在使用中，为了提高检测灵敏度，应尽可能把它直接连接到电动机转轴上。有的电动机本身就已安装了测速发电机。

三、光电式速度传感器

光电式速度传感器将速度的变化转变成光通量的变化，再通过光电转换元件将光通量的变化转换成电量变化，即利用光电脉冲变成电脉冲。光电转换元件的工作原理是光电效应。光电式速度传感器的结构如图 3-11 所示，旋转盘上有分布均匀的缝隙，指示盘的缝隙间距与旋转盘的缝隙间距相同。工作时，旋转盘与转轴一起转动，光源发出的光通过旋转盘和指示盘照射到光电元件上，由于指示盘和旋转盘的缝隙间距相同，故当转盘转过一条缝隙时，光电元件就感光一次，输出一个电脉冲信号。圆盘每转一周，光电元件输出与旋转圆盘缝隙数相等的电脉冲。根据测量单位时间内的脉冲数 N，则可测出转速为

$$n = \frac{60N}{Zt} \tag{3-5}$$

式中：n——转轴转速（r/min）；

N——光电元件输出的脉冲数；

Z——圆盘上的缝隙数；

t——测量时间（s）。

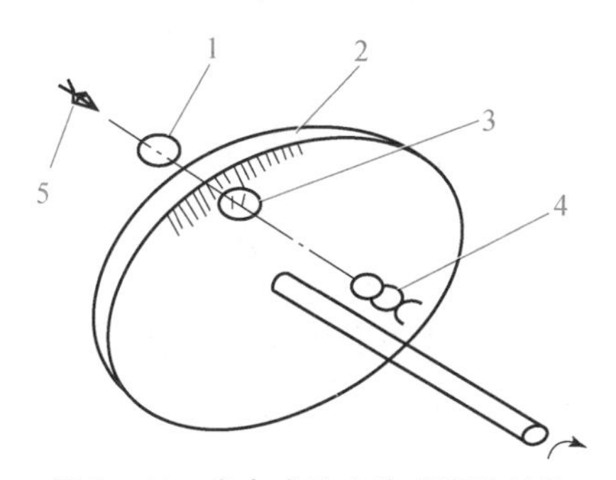

图 3-11 光电式速度传感器的结构

1—透镜；2—旋转盘；3—指示盘；4—光电元件；5—光源

任务实施

步骤一 查阅相关资料

以小组（5~8 人为宜）为单位，查阅相关资料或网络资源，学习位移、速度检测传感器的相关知识。

步骤二 参观实训基地

现场数控加工实训基地，了解传感器在数控加工中的应用，观察数控机床位移、速度检测中所用到的传感器类型及安装位置，并做好详细记录。

步骤三 分析数控机床位移、速度检测传感器的类型及其使用特点

小组间进行交流与学习，梳理知识内容，分析数控机床位移、速度检测传感器的类型及其使用特点。

学习笔记

学习笔记

评价项目	评价内容	分值/分	自评20%	互评20%	师评60%	合计
职业素养50分	劳动纪律，职业道德	10				
	积极参加任务活动，按时完成工作任务	10				
	团队合作，交流沟通能力，能合理处理合作中的问题和冲突	10				
	爱岗敬业，安全意识，责任意识，服从意识	10				
	能用专业的语言正确、流利地展示成果	10				
专业能力50分	专业资料检索能力	10				
	理解位移传感器的结构和工作原理	10				
	理解速度传感器的结构和工作原理	10				
	会分析机电一体化系统中所用到的位移、速度传感器类型及其使用特点	20				
创新能力加分20	创新性思维和行动	20				
总计		120				
教师签名：		学生签名：				

任务三　汽车压力、温度检测传感器的应用分析

任务引入

在现代汽车电子控制中，传感器广泛应用于发动机、底盘和车身的各个电控系统中。汽车传感器作为汽车的“感觉器官”，担负着信息采集和传输任务，并能将各种输入参量转换为电信号，然后把这些电信号传输给电控单元，由电控单元对信息进行处理后向执行器发出命令，实现电子系统控制。它能及时识别外界的变化和系统本身的变化，再根据变化的信息去控制本身系统的工作。本任务是在了解机电一体化系统中常用的压力、温度传感器的结构和工作原理之后，观察汽车的压力、温度检测，并记

录压力、温度检测中所用到的传感器类型和安装位置，说明其使用特点。

学习笔记

知识链接

知识模块一　压力检测传感器

在机电一体化工程中，力是很常用的机械参量。力不是直接可测量的物理量，而需要通过其他物理量间接测量出来。其测量方法包括：

（1）通过检测物体的弹性变形来测量力，如采用应变原理，通过弹簧的变形来测量力。

（2）通过检测物体的压电效应来检测力。

（3）通过检测物体的压磁效应来检测力。

（4）装有速度、加速度传感器的设备，通过速度与加速度计算力。

近年来出现了各种高精度力、压力和扭矩传感器，以其惯性小、响应快、易于记录、便于遥控等优点得到了广泛的应用。按其工作原理可分为电阻应变式、压电式、电感式、电容式和磁电式等。

一、电阻应变式传感器

电阻应变式传感器是利用电阻应变片将应变转换为电阻变化的传感器，传感器由在弹性元件上粘贴的电阻应变敏感元件构成。当被测物理量作用在弹性元件上时，弹性元件的变形将引起应变敏感元件的阻值变化，然后通过转换电路将其转变成电压输出，电压变化的大小即反映了被测物理量的大小。电阻应变式传感器的灵敏度较高，目前已应用于各种检测系统中。

1. 工作原理

电阻应变式传感器的工作原理是基于应变效应。应变效应是指在导体产生机械变形时，其电阻值相应发生变化的现象。如图 3－12 所示，一根金属电阻丝，在其未受力时，原始电阻值为

$$R=\frac{\rho \cdot L}{S} \tag{3-6}$$

式中：ρ——电阻丝的电阻率；

L——电阻丝的长度；

S——电阻丝的截面积。

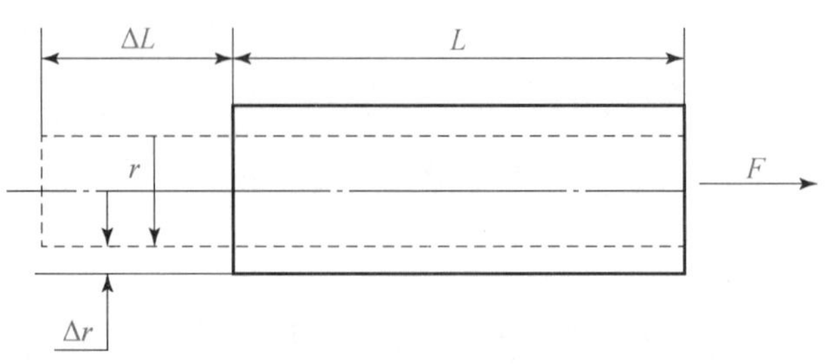

图 3-12　金属电阻丝应变效应

当电阻丝受到拉力 F 作用时，将伸长 ΔL，横截面积相应减小 ΔS，电阻率将因晶格发生变形等因素而改变 $\Delta\rho$，故引起电阻值相对变化量。由材料力学可知，在弹性范围内，金属电阻丝轴向应变和径向应变有泊松比的比例关系，一般金属 $\mu=0.3\sim0.5$，即

$$\frac{\Delta R}{R}=(1+2\mu)\varepsilon+\frac{\Delta\rho}{\rho} \tag{3-7}$$

再引入试件的应力 σ、压阻系数 λ、试件材料的弹性模量 E，有

$$\frac{\Delta R}{R}=(1+2\mu+\lambda E)\cdot\varepsilon \tag{3-8}$$

用应变片测量应变或应力时，根据上述特点，在外力作用下，被测对象产生微小机械变形，应变片随着发生相同的变化，同时应变片电阻值也发生相应的变化。当测得应变片电阻值变化量 ΔR 时，可得到被测对象的应变值 ε，应力值 σ 正比于应变 ε，如式（3-9）所示：

$$\sigma=E\cdot\varepsilon \tag{3-9}$$

而试件应变 ε 正比于电阻值的变化，所以应力 σ 正比于电阻值的变化，这就是利用应变片测量应变的基本原理。

2. 电阻应变片特性

电阻应变片主要分为金属电阻应变片和半导体应变片两类。金属电阻应变片由敏感栅、基片、覆盖层和引线等组成，典型结构如图 3-13 所示。敏感栅是应变片的核心部分，它粘贴在绝缘的基片上，其上再粘贴起保护作用的覆盖层，两端焊接有引出导线。金属电阻应变片的敏感栅有丝式、箔式和薄膜式三种。

半导体应变片是用半导体材料制成的，其工作原理是基于半导体材料的压阻效应。所谓压阻效应，是指半导体材料在某一轴向受外力作用时，其电阻率 ρ 发生变化的现象。半导体应变片的突出优点是灵敏度高（比金属电阻应变片高 50~80 倍），尺寸小，横向效应小，动态响应好；但它有温度系数大、应变时非线性比较严重等缺点。

应变片是用黏合剂粘贴到被测件上的。黏合剂形成的胶层必须准确、迅速地将

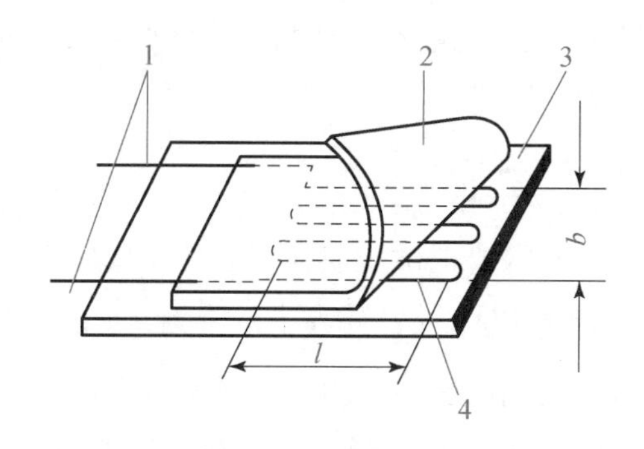

图 3-13　金属电阻应变片的典型结构

1—引线；2—覆盖层；3—基片；4—电阻丝式敏感栅

被测件的应变传递到敏感栅上。黏合剂的性能及粘贴工艺的质量直接影响应变片的工作特性，如零漂、蠕变、滞后、灵敏系数、线性度以及它们受温度变化影响的程度。

3. 应变片的温度误差及补偿

当测量现场环境温度发生变化时，由于敏感栅温度系数及栅丝与试件膨胀系数的差异性而给测量带来的附加误差，称为应变片的温度误差。电阻应变片的温度补偿方法通常有线路补偿和应变片自补偿两大类。电桥补偿是最常用的且效果较好的线路补偿法，如图 3-14 所示。

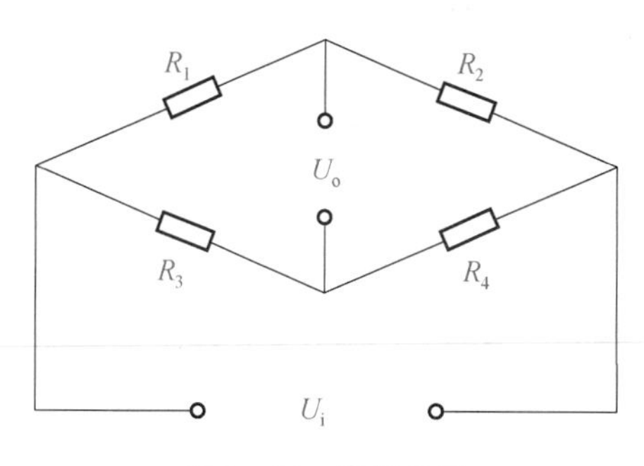

图 3-14　电桥补偿

电桥输出电压 U_o 与桥臂参数的关系为

$$U_o = A(R_1R_4 - R_2R_3) \tag{3-10}$$

式中：A——由桥臂电阻和电源电压决定的常数；

R_1——工作应变片；

R_2——补偿应变片（应和 R_1 特性相同）。

由式（3-10）可知，当 R_3 和 R_4 为常数时，R_1 和 R_2 对电桥输出电压 U_o 的作用方向相反，利用这一基本关系可实现对温度的补偿。测量应变时，工作应变片 R_1 粘贴在

学习笔记

被测试件表面上，补偿应变片 R_2 粘贴在与被测试件材料完全相同的补偿块上，且仅工作应变片承受应变。

4. 电阻应变式传感器的测量电路

机械应变一般都很小，通常要把微小应变引起的工作应变片电阻的微小变化测量出来，同时要把电阻的相对变化 $\Delta R_1/R_1$ 转换为电压或电流的变化。因此，需要有专用的测量电路，用于测量应变变化而引起电阻变化的测量电路通常有直流电桥电路和交流电桥电路两种。电桥电路的主要指标是桥路灵敏度、非线性和负载特性。

直流电桥如图 3－15 所示，U_i 为直流电源，R_1、R_2、R_3 及 R_4 为桥臂电阻，R_L 为负载电阻。输出电压为

$$U_o = U_i\left(\frac{R_1}{R_1+R_2}-\frac{R_3}{R_3+R_4}\right) \tag{3-11}$$

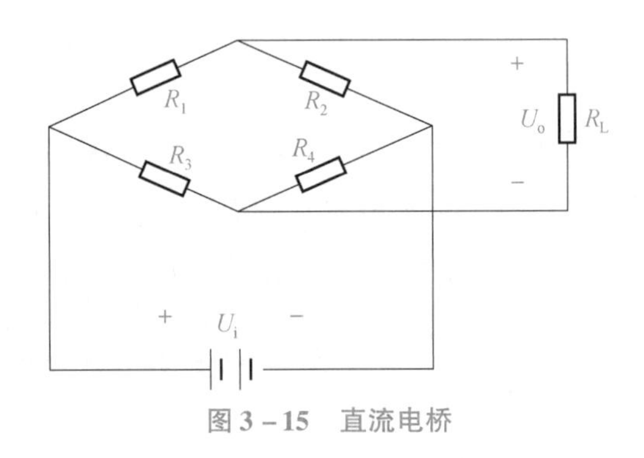

图 3－15　直流电桥

当电桥平衡时，$U_o=0$，则有

$$R_1R_4=R_2R_3$$

或

$$\frac{R_1}{R_2}=\frac{R_3}{R_4} \tag{3-12}$$

式（3－12）称为电桥平衡条件。这说明欲使电桥平衡，其相邻两臂电阻的比值应相等。

桥路的电压灵敏度与电桥的供电电压和相邻两臂电阻的比值有关。桥路的电压灵敏度与电桥的供电电压成正比，供电电压越高，电桥电压灵敏度越高，但供电电压的提高受到应变片允许功耗的限制，所以要做适当的选择。

二、压电式传感器

压电式传感器的工作原理是基于某些介质材料的压电效应，其是典型的有源传感器。当某些材料受到力的作用而发生变形时，其表面会有电荷产生，从而实现非电量

测量。压电式传感器具有体积小、质量轻、工作频带宽、灵敏度高、工作可靠、测量范围广等特点，因此在各种动态力、机械冲击与振动的测量，以及声学、医学、力学、宇航等方面都得到了非常广泛的应用。近年来由于电子技术的飞速发展，以及低噪声、小电容、高绝缘电阻电缆的出现，使压电传感器的应用更加广泛，集成化、智能化的新型压电传感器也正在被开发出来。

学习笔记

1. 压电效应

某些电介质，当沿着一定方向对其施力而使它变形时，其内部就会产生极化现象，同时在它的两个表面上产生符号相反的电荷，当外力去掉后，其又重新恢复到不带电状态，这种现象称为压电效应。当作用力方向发生改变时，电荷的极性也随之改变。有时人们把这种机械能转为电能的现象称为“正压电效应”。相反，当在电介质极化方向施加电场时，这些电介质也会产生变形，这种现象称为“逆压电效应”（电致伸缩效应）。具有压电效应的材料称为压电材料，压电材料能实现机—电能量的相互转换，如图 3 - 16 所示。

机械量　压电元件　电量

图 3 - 16　压电效应可逆性

在自然界中大多数晶体具有压电效应，但压电效应十分微弱。随着对材料的深入研究，发现石英晶体、钛酸钡、锆钛酸铅等材料是性能优良的压电材料。

2. 压电式传感器的等效电路

由压电元件的工作原理可知，压电式传感器可以看作一个电荷发生器。同时，它也是一个电容器，晶体上聚集等量的正、负电荷的两表面相当于电容的两个极板，极板间物质等效于一种介质，则其电容量为

$$C_a = \frac{\varepsilon_r \varepsilon_0 A}{d} \tag{3-13}$$

式中：A——压电片的面积；

d——压电片的厚度；

ε_0——空气介电常数（其值为 8.86×10^{-4} F/cm）；

ε_r——压电材料的相对介电常数。

因此，压电传感器可以等效为一个与电容相并联的电压源。如图 3 - 17（a）所示，电容器上的电压 U、电荷量 Q 和电容量 C_a 三者的关系为

$$U = \frac{Q}{C_a} \tag{3-14}$$

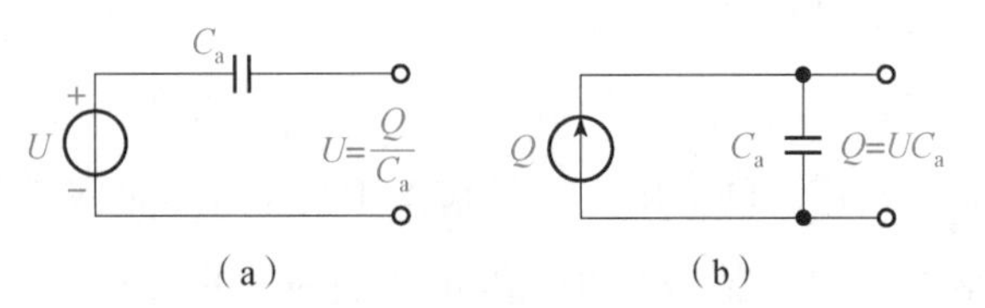

(a)　　(b)

图 3－17　压电传感器的等效电路

(a) 电压源；(b) 电荷源

由图 3－17 可知，只有在外电路负载无穷大，且内部无漏电时，受力产生的电压 U 才能长期保持不变；如果负载不是无穷大，则电路要以时间常数 $R_L C_e$ 按指数规律放电。此外，压电传感器也可以等效为一个与电容相并联的电荷源，如图 3－17（b）所示。

压电传感器在实际使用时总要与测量仪器或测量电路相连接，因此还须考虑连接电缆的等效电容，放大器的输入电阻、输入电容，以及压电传感器的泄漏电阻。

3. 压电式传感器的测量电路

压电传感器本身的内阻抗很高，而输出能量较小，为了保证压电传感器的测量误差较小，它的测量电路通常需要接入一个高输入阻抗的前置放大器，其作用为：一是把它的高输出阻抗变换为低输出阻抗；二是放大传感器输出的微弱信号。压电传感器的输出信号可以是电压信号，也可以是电荷信号，因此前置放大器也有两种形式，即电压放大器和电荷放大器。

电压放大器的应用具有一定的限制，压电式传感器在与电压放大器配合使用时，连接电缆不能太长。电缆长，电缆电容 C_c 就大，电缆电容增大必然使传感器的电压灵敏度降低，而随着固态电子器件和集成电路的迅速发展，微型电压放大电路可以和传感器做成一体，这一问题就可以得到解决，使它具有广泛的应用前景。

电荷放大器的输出电压 U_o 与电缆电容 C_c 无关，且与 Q 成正比，这是电荷放大器的最大特点。但电荷放大器的价格比电压放大器高，电路较复杂。在实际应用中，电压放大器和电荷放大器都应加过载放大保护电路，否则在传感器过载时会产生过高的输出电压。

知识模块二　温度检测传感器

温度是工业生产和科学研究实验中的一个非常重要的参数。温度直接和生产安全、产品质量、生产效率、节约能源等重大技术经济指标相联系，物体的许多物理现象和化学性质都与温度有关，许多生产过程都是在一定温度范围内进行的，需要测量温度和控制温度的场合极其广泛。温度传感器是利用物体各种物理性质随温度变化的规律把温度转换为电量的传感器。这些随温度变化呈规律性变化的物理性质主要有：体积或压力的变化、电阻阻值的变化、两种材料连接点处温差电动势的变化、热辐射效应、颜色或形状的变化等。

学习笔记

一、热电偶

热电偶是工程上应用最广泛的温度传感器，其构造简单，使用方便，具有较高的准确度、稳定性及复现性，温度测量范围宽，在温度测量中占有重要的地位。

1. 热电效应

两种不同的金属 A 和 B 构成如图 3－18 所示的闭合回路，如果将两个接点中的一个进行加热，使其温度为 t，而另一点置于室温 t_0 中，则在回路中会产生热电动势，用 $E_{AB}(t,\ t_0)$ 表示，这一现象称为热电效应。通常把两种不同金属的这种组合叫作热电偶，A、B 叫作热电极，温度高的接点叫作热端或工作端，温度低的接点叫作冷端或自由端。

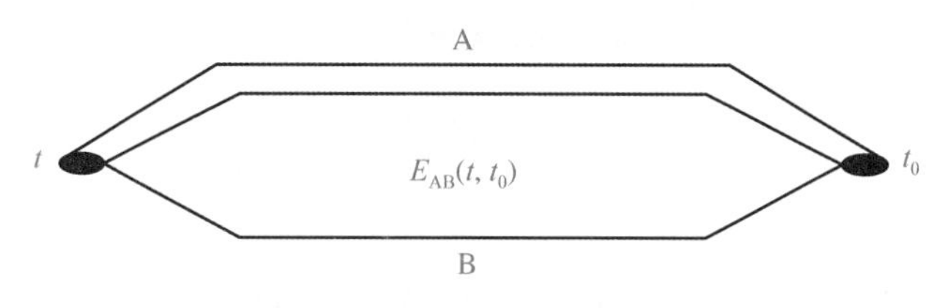

图 3－18　热电效应原理图

由理论分析知，热电效应产生的热电势 $E_{AB}(t,\ t_0)$ 由接触电动势和温差电动势两部分组成。

2. 热电偶基本定律

1）中间导体定律

利用热电偶进行测温，必须在回路中引入连接导线和仪表。在热电偶测温回路内接入第三种导体，只要其两端温度相同，则对回路的总热电动势没有影响，如图 3－19 所示。

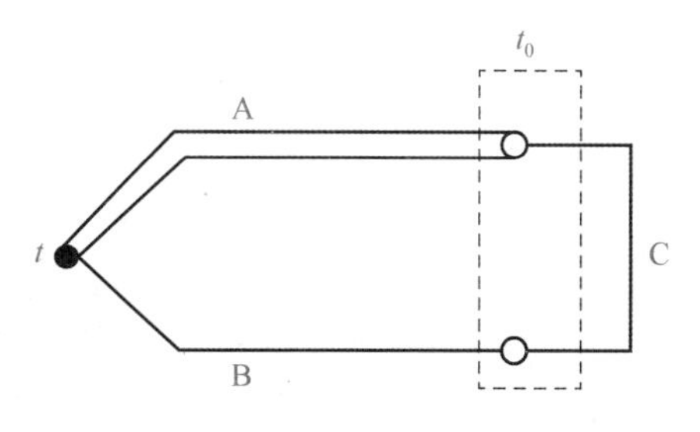

图 3－19　热电偶中加入第三种材料

学习笔记

如果接入第三种材料的两端温度不等，热电偶回路的总热电动势将会发生变化，其变化大小取决于材料的性质和接点的温度。因此，接入的第三种材料不宜采用与热电极的热电性质相差很远的材料，否则一旦温度发生变化，热电偶的电动势变化将会很大，从而影响测量精度。

2）参考电极定律

如图 3－20 所示，当两接点温度为 t 和 t_0 时，用导体 A，B 组成的热电偶的热电动势等于 AC 热电偶和 CB 热电偶热电动势的代数和，可大大简化热电偶的选配工作。实际测温中，只要获得有关热电极与参考电极配对时的热电动势值，那么任何两种热电极配对时的热电动势均可按公式计算而无须再逐个去测定。

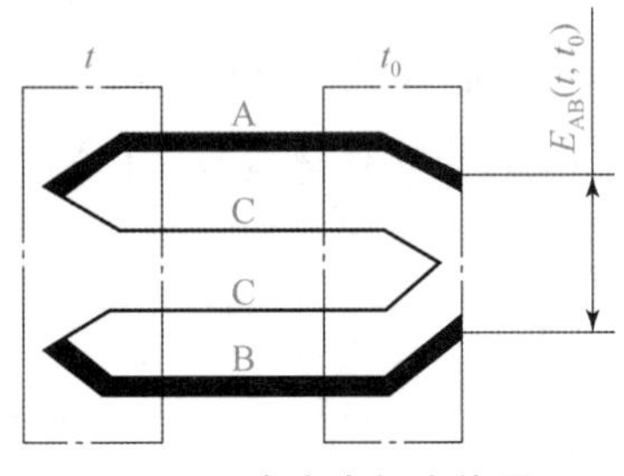

图 3－20　参考电极定律原理

3）中间温度定律

在热电偶回路中，两接点温度为 t、t_0 时的热电动势，等于该热电偶在接点 t、t_a 和 t_a、t_0 时的热电动势之和，如图 3－21 所示。

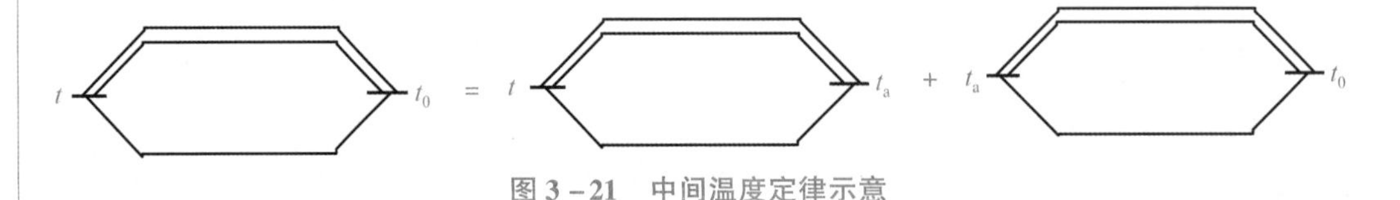

图 3－21　中间温度定律示意

由图 3－21 可得

$$E_{AB}(t,t_0)=E_{AB}(t,t_a)+E_{AB}(t_a+t_0) \quad (3-15)$$

根据这一定律，只要给出自由端 0 ℃时热电动势和温度的关系，即可求出冷端为任意温度 t_0 时的热电偶电动势，它是制定热电偶分度表的理论基础。在实际热电偶测温回路中，利用热电偶这一性质，可对参考端温度不为 0 ℃的热电动势进行修正。

3. 热电偶温度补偿方法

热电偶热电动势的大小不仅与热端温度有关，而且与冷端温度有关，只有当冷端温度恒定时，才可通过测量热电动势的大小得到热端温度。热电偶电路中最大的问题是冷端的问题，即如何选择测温的参考点。一般采用的冷端方式有三种，即冰水保温瓶方式、温槽方式、冷端自动补偿方式（补偿电桥法）。

补偿电桥法是利用不平衡电桥产生的不平衡电压作为补偿信号，来自动补偿热电偶测量过程中因参考端温度不为 0 ℃或变化而引起的热电动势的变化值。如图 3－22 所示，不平衡电桥由三个电阻温度系数较小的锰铜丝绕制的电阻 R_1、R_2、R_3，电阻温度系数较大的铜丝绕制的电阻 R_{Cu} 和稳压电源组成。补偿电桥与热电偶参考端处在同一环境温度，适当选择桥臂电阻和桥路电流就可以使电桥产生的不平衡电压 U_{AB} 补偿由于参考端温度变化引起的热电动势 $E_{AB}(t, t_0)$ 变化量，从而达到自动补偿的目的。

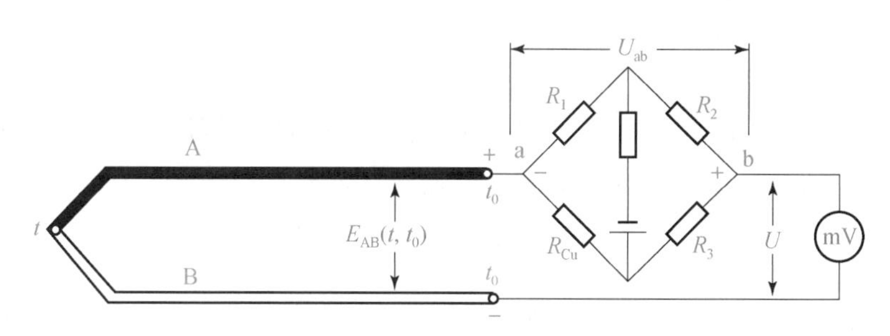

图 3－22　冷端补偿器原理

二、热电阻传感器

热电阻传感器利用导体的电阻值随温度变化而变化的原理进行测温。热电阻传感器的测量精度高；有较大的测量范围，它可测量 －200～500 ℃的温度；易于用在自动测量和远距离测量中。热电阻由电阻体、保护套和接线盒等部件组成，其结构形式可根据实际使用制作成各种形状。用于制造热电阻的材料应具有尽可能大及稳定的电阻温度系数和电阻率，$R-t$ 关系最好呈线性，物理化学性能稳定，复现性好等。目前最常用的热电阻有铂热电阻和铜热电阻。

1. 铂电阻

铂热电阻的特点是精度高、稳定性好、性能可靠，所以在温度传感器中得到了广泛应用。按 IPTS－68 标准，在 －259. 34 ～ ＋630. 74 ℃温域内，以铂电阻温度计作为基准器。

铂热电阻的温度特性，在 0～630. 74 ℃以内为

$$R_t = R_0(1 + At + Bt^2) \tag{3-16}$$

在 －190～0 ℃以内为

$$R_t = R_0[1 + At + Bt^2 + C(t-100)t^3] \tag{3-17}$$

式中：R_t——温度为 t 时的阻值；

学习笔记

R_0——温度为 0 ℃时的阻值；

A——分度系数，取 3.940×10^{-3}/℃；

B——分度系数，取 -5.84×10^{-7}/℃²；

C——分度系数，取 -4.22×10^{-12}/℃⁴。

热电阻在温度为 t 时的电阻值与 R_0 有关。目前我国规定工业用铂热电阻有 $R_0 = 50\ \Omega$ 和 $R_0 = 100\ \Omega$ 两种，它们的分度号分别为 Pt50 和 Pt100，其中以 Pt100 为常用。铂热电阻不同分度号亦有相应分度表，即 $R_t - t$ 的关系表，这样在实际测量中，只要测得热电阻的阻值 R_t，即可从分度表中查出对应的温度值。

2. 铜电阻

由于铂是贵重金属材料，因此，在一些测量精度要求不高且温度较低的场合，可采用铜热电阻进行测温，它的测量范围为 −50～150 ℃。铜热电阻在测量范围内其电阻值与温度的关系几乎是线性的，可近似地表示为

$$R_t = R_0(1 + \alpha t) \tag{3-18}$$

式中：R_t——温度为 t 时的阻值；

R_0——温度为 0 ℃时的阻值；

α——铜电阻温度系数，$\alpha = 4.25 \times 10^{-3} \sim 4.28 \times 10^{-3}$/℃

铜热电阻线性好，价格便宜，但电阻率较低，且在 100 ℃以下易氧化，不适宜在腐蚀性介质中或高温下工作。铜热电组的两种分度号为 Cu_{50}（$R_0 = 50\ \Omega$）和Cu_{100}（$R_{100} = 100\ \Omega$）。

步骤一　查阅相关资料

以小组（5～8 人为宜）为单位，查阅相关资料或网络资源，学习压力、温度检测传感器的相关知识。

步骤二　参观实训基地

现场参观汽车维修实训室，了解传感器在汽车上的应用，观察压力、温度检测中所用到的传感器类型及安装位置，并做好详细记录。

步骤三　分析汽车压力、温度检测传感器的类型及其使用特点

小组间进行交流与学习，梳理知识内容，分析汽车压力、温度检测传感器的类型及其使用特点。

汽车压力、温度检测传感器举例。

学习笔记

（1）进气压力传感器。波许压力型（D型）电控燃油喷射系统不设空气流量传感器，而是用一个进气压力传感器测量节气门之后进气管的真空度，来间接地测量进气量。进气压力传感器一般安装在节气门后部的进气管上，节气门前部与大气相通，进气压力为大气压，而其后部的气压为负压（负压比真空的表述更确切）。节气门的前、后部均有气管与附加空气阀相通。

进气压力传感器的作用是：将进气管道中的气体压力转换成电信号，并传送给电子控制单元（ECU），再由ECU控制电动喷油器喷油时间的长短。进气压力传感器常见的有电磁式进气压力传感器、压电效应式进气压力传感器以及电阻型进气压力传感器。

（2）雨滴传感器。雨滴传感器主要用于检测是否下雨及雨量的大小，应用于汽车自动刮水系统、智能灯光系统和智能车窗系统等。常见的雨滴传感器主要有流量式雨滴传感器、静电式雨滴传感器、压电式雨滴传感器和红外线式雨滴传感器。

压电式雨滴传感器由振动板、压电元件、放大电路、壳体及阻尼橡胶构成。振动板的功用是接收雨滴冲击的能量，按自身固有振动频率进行弯曲振动，并将振动传递至内侧压电元件上，然后压电元件再把从振动板传递来的变形转换成电压。当压电元件上出现机械变形时，在两侧的电极上就会产生电压。所以，当雨滴落到振动板上时，压电元件上就会产生电压，电压大小与加到振动板上的雨滴能量成正比，一般为0.5～300 mV。该电压波形经传感器内部放大器放大，存储到功率放大器内部。当信号达到一定值时，经过电路输入刮水器驱动电路，刮水器随即启动开始刮雨。

（3）进气温度传感器。由于进入发动机进气管道中的空气温度不同，故会对空气—燃油比（空—燃比）有着不同的影响。如空气温度低，其密度大，氧气含量高，若所喷射的燃油量不增加，就会使混合气过稀，影响发动机的正常工作；空气温度高，会使混合气中的燃油含量过高，同样会影响发动机的工作，因此必须考虑进气的温度。

进气温度传感器的作用是：检测进入进气管道中的空气温度，把空气温度转变成电信号，传送给发动机ECU，以便根据进气温度来调节喷油器的喷油时间。当进气温度低时，ECU控制喷油器加大喷油量；当进气温度高时就要减小喷油量。

进气温度传感器通常安装在空气滤清器（简称空滤器）壳体内或进气总管内（空气流量计中），一般采用具有负温度系数的热敏电阻作为检测元件（负温度系数特性是指电阻值随温度增大而减小）。

（4）冷却液温度传感器。冷却液温度传感器也就是水温传感器，用于检测发动机

学习笔记

冷却水的温度，通常采用具有负温度系数的热敏电阻作为检测元件，安装在发动机冷却水通路上。冷却液温度传感器的作用是将冷却液温度的变化转换成电信号，并提供给 ECU，作为控制系统根据发动机温度修正喷油量、点火时刻及其他控制参数的主要依据。

任务评价

评价项目	评价内容	分值/分	自评 20%	互评 20%	师评 60%	合计
职业素养 50 分	劳动纪律，职业道德	10				
	积极参加任务活动，按时完成工作任务	10				
	团队合作，交流沟通能力，能合理处理合作中的问题和冲突	10				
	爱岗敬业，安全意识，责任意识，服从意识	10				
	能用专业的语言正确、流利地展示成果	10				
专业能力 50 分	专业资料检索能力	10				
	理解压力传感器的结构和工作原理	10				
	理解温度传感器的结构和工作原理	10				
	会分析机电一体化系统中所用到的压力、温度传感器类型及其使用特点	20				
创新能力 加分 20	创新性思维和行动	20				
总计		120				
教师签名：		学生签名：				

学习笔记

项目四　驱动装置的选用

机电一体化系统中驱动装置是一种能量转换装置，它在控制信息的作用下，将输入的各种形式的能量转化为机械能，驱动机械装置，以推动负载动作。驱动装置可分为电气式、液压式和气压式等类型。本项目主要内容包括驱动电机在汽车上的应用分析、液压驱动在汽车上的应用分析。

项目目标

序号	学习结果
1	熟悉机电一体化系统中驱动装置的分类、工作原理及应用
序号	知识目标
K1	了解驱动装置的分类及特点
K2	理解直流、交流伺服电动机的工作原理和特点
K3	理解步进电动机的工作原理和特点
K4	了解电动机的控制集成电路
K5	理解电动机的选型
K6	理解液压驱动装置的类型及特点
K7	了解液压驱动装置的控制
序号	技能目标
S1	会分析机电一体化系统中所用到的驱动装置的类型及其使用特点
序号	态度目标
A1	具有自主学习的能力：学会查工具书和资料，掌握阅读方法，做到学与实践结合，逐步提升自主学习的能力

续表

序号	态度目标
A2	具有良好的团队合作精神：通过小组项目、讨论等任务，增强合作意识，培养良好的团队精神
A3	具有严谨的职业素养：在任务分析、解决中，培养考虑问题的全面性、严谨性和科学性

项目任务

序号	任务名称	覆盖目标
T1	驱动电机在汽车上的应用分析	K1/K2/K3/K4/K5 S1 A1/A2/A3
T2	液压驱动在汽车上的应用分析	K6/K7 S1 A1/A2/A3

任务一　驱动电机在汽车上的应用分析

任务引入

电气式驱动装置是机电一体化系统中应用的主流。电动机是把电能转换成机械能的一种设备，自从法拉第发明了第一台电动机以来，我们的生活中已处处离不开这种设备了。汽车是由众多零部件构成的，其中十分重要的一个零部件就是电动机，电动机在汽车中有着广泛的应用。现在已经很难找到一辆拥有少于十几台电动机的新型汽车了。本任务是在了解机电一体化系统中常用的驱动电机的结构、工作原理和特点之后，通过资料查找、实物分析等方法，记录并分析驱动电机在汽车上的应用。

知识链接

知识模块一　驱动部件概述

驱动部件是一种能量转换装置，它在控制信息的作用下，将输入的各种形式的能量转化为机械能，驱动机械装置，以推动负载动作。

学习笔记

一、驱动部件的分类

根据使用能量的不同，驱动部件可分为电气式、液压式和气压式等几种类型，其中用计算机控制最方便的是电气式，因此电气式驱动装置是机电一体化系统中应用的主流。

1. 电气式

电气式驱动装置能够将电能转变成电磁力，并用该电磁力驱动机构运动。电气式驱动装置主要有直流（Direct Current，DC）伺服电动机、交流（Alternating Current，AC）伺服电动机、步进电动机以及电磁铁等。对伺服电动机除了要求运转平稳以外，一般还要求动态性能好、适合频繁使用、便于维修等。

2. 液压式

液压式驱动装置先将电能变换为液压能，并用控制阀改变压力油的流向，从而使液压驱动装置驱动机构的运动。液压式驱动元件主要有往复运动油缸、回转油缸、液压马达等。液压式执行元件突出的优点是输出功率大、转矩大、工作平稳、承载能力强，但需要相应的液压源，占地面积大，控制性能不如电气执行元件。目前，世界上已开发了各种数字式液压驱动元件，其定位性能好，例如，电—液伺服马达和电—液步进马达，这些马达与电动机相比转矩较大，可以直接驱动执行机构，适合重载的高速、加速和减速驱动；执行元件功率密度大，但系统复杂。

3. 气压式

气压式驱动元件与液压式驱动元件的原理相同，只是将介质由油改为气体，具有代表性的气压式驱动元件有气缸、气压马达等。气压驱动虽可得到较大的驱动力、行程和速度，但由于空气黏性差、具有可压缩性，故不能在定位精度要求较高的场合使用。

二、驱动装置的特点及优缺点

不同类型的驱动装置有各自的特点，驱动装置的特点及优缺点见表4-1。

表4-1　驱动装置的特点及优缺点

种类	特点	优点	缺点
电气式	可用商业电源，电源有交流和直流之分，电压有高、低的差别	操作简便，响应快，易实现自动控制，体积小，动力大，无污染	瞬时输出功率大，无过载保护，抗干扰能力差

续表

种类	特点	优点	缺点
液压式	液体压力源压力为 20 ~ 80 MPa	输出功率大、速度快、动作平稳，可实现定位伺服控制	设备难以小型化，液压源和液压油要求严格，易产生泄漏而污染环境
气压式	气体压力源压力为 5 ~ 7 MPa	气源易取、易排，成本低，环保，速度快	功率小、体积大，难以小型化，动作不平稳，远距离传输困难，噪声大

知识模块二　电气式驱动装置

机电一体化系统常使用电气式执行装置，包括各种直流伺服电动机、交流伺服电动机和步进电动机等。电气式执行装置的产品类型非常丰富，结构各异，额定功率千差万别，物理特性各不相同，但工作原理都是利用电磁感应和电磁力的作用实现能量的转换。

一、直流伺服电动机

1. 直流伺服电动机的工作原理

使用直流电源的电动机为直流电动机。直流伺服电动机将输入的受控电压或电流转换为电枢轴上的角位移或角速度输出，转轴的转向和转速随输入的受控电压或电流的方向和大小而改变。

直流伺服电动机的工作原理与普通直流电动机相同。直流伺服电动机的基本工作原理可以用直流电动机的物理模型来说明，如图 4 - 1 所示。N 和 S 是一对静止的磁极，用以产生磁场，线圈两端分别接在两个相互绝缘的半圆形换向片上，换向片和线圈可一起绕轴旋转，电刷固定不动。接通电源后，通电线圈在磁场中受到电磁转矩的作用，按一定的方向旋转。由于换向片随同一起旋转，使得无论线圈怎样转动，总是 S 极有效边的电流方向向外，N 极有效边的电流方向向内，因此电磁转矩方向不变，线圈可在此电磁转矩的作用下连续旋转。

2. 直流伺服电动机的结构

直流伺服电动机的基本结构也与普通直流电动机相同，所不同的是它制造得比较细长一些，以便满足快速响应的要求。直流电动机由定子、转子两大部分组成。图 4 - 2 所示为普通直流电动机的结构。直流电动机运行时静止不动的部分称为定子，

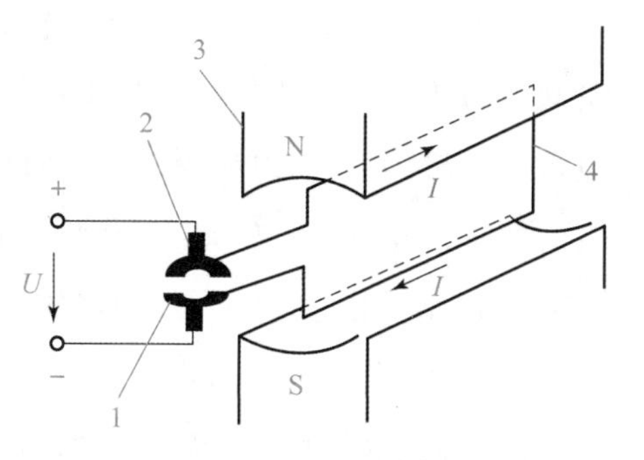

图 4-1　直流电动机的物理模型

1—换向片；2—电刷；3—磁极；4—线圈

其主要作用是产生磁场。定子部分包括机座、主磁极、换向磁极、电刷装置。电动机运行时转动的部分为转子，也称为电枢，包括电枢铁芯、电枢绕组、换向器、转轴等。

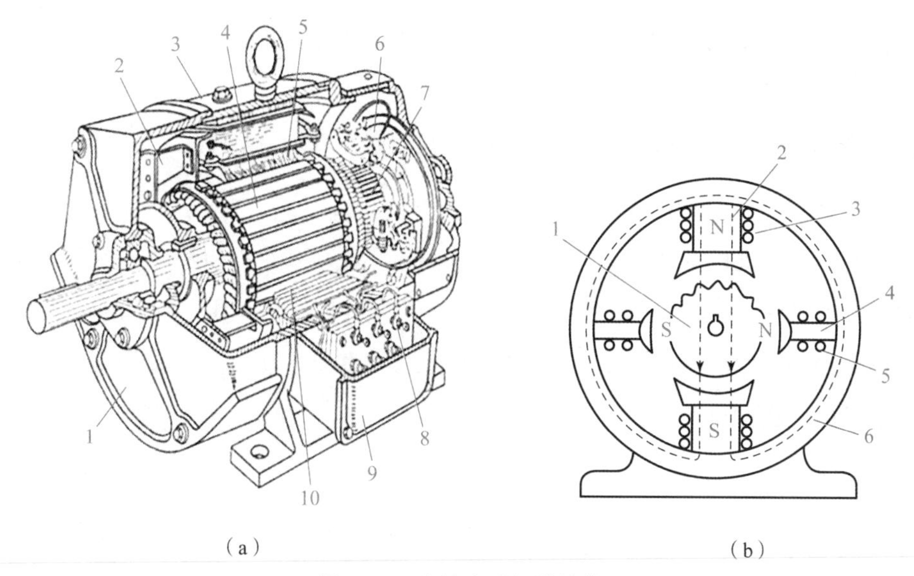

图 4-2　直流电动机的结构

(a) 直流电动机的组成结构；

1—端盖；2—风扇；3—机座；4—电枢；5—主磁极；

6—电刷架；7—换向器；8—接线板；9—出线盒；10—换向磁极

(b) 直流电动机的磁极与磁路

1—电枢；2—主磁极铁芯；3—励磁绕组；4—换向磁极铁芯；5—换向磁极绕组；6—机座

(1) 机座。机座一般用导磁性能较好的铸钢件或钢板焊接而成。机座有两方面的作用：一方面起导磁作用，作为电动机磁路的一部分；另一方面起安装、支撑作用。

(2) 主磁极。主磁极是产生直流电动机工作磁场的主要部件。产生磁场有两种方法，一是采用永久磁铁，二是采用电磁原理。采用稀土永磁材料产生磁通的直流电动机称为永磁直流电动机，其主磁极由永磁体构成；采用电磁原理产生磁通的直流电动机一般称为直流电动机，其主磁极由绕有励磁绕组的主磁极铁芯构成。

（3）换向磁极。换向磁极是位于两个相邻主磁极之间的小磁极，又称为附加磁极，其作用是产生换向磁场，改善电动机的换向性能，减小电动机运行时电刷与换向器之间可能产生的换向火花。它由换向磁极铁芯和换向磁极绕组组成。

（4）电刷装置。电刷装置的作用是通过电刷与换向器的滑动接触，把转动的电枢与静止的外电路相连接，使电流经电刷进入或离开电枢。

（5）电枢铁芯。电枢铁芯一般采用硅钢片叠压而成，通常在铁芯槽中嵌放电枢绕组。

（6）电枢绕组。电枢绕组的作用是产生感应电动势和电磁转矩，以实现能量转换。

（7）换向器。换向器的作用是将外加直流电源转换为电枢线圈中的交变电流，使电磁转矩的方向恒定不变。换向器是由许多换向片组成的圆柱体，换向片之间用云母片绝缘。

（8）转轴。转轴的作用是传递转矩。为了使电动机能可靠地运行，转轴一般用合金钢锻压加工而成。

（9）风扇。风扇用来降低电动机运行时的温升。

3. 直流伺服电动机的分类

直流伺服电动机根据产生主磁场方式的不同，分为励磁式和永磁式两类。励磁式直流伺服电动机的主磁场由励磁绕组产生，励磁绕组与电枢绕组是分离的，分别由两个直流电源供电，如图4－3所示，是典型的他励式直流电动机。永磁式直流伺服电动机的主磁场由永磁材料产生。

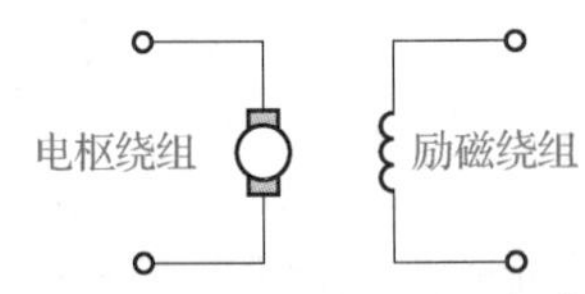

图4－3　励磁式直流伺服电动机励磁绕组与电枢绕组的连接关系

4. 直流伺服电动机的机械特性

直流伺服电动机的机械特性是指电动机在电枢电压、励磁电流、电枢回路电阻为恒值的条件下，即电动机处于稳态运行时，电动机转速与电磁转矩之间的关系。永磁式直流电动机的机械特性类似于他励直流电动机，下面以他励直流电动机为例讨论直流伺服电动机的机械特性。

电枢绕组通电后，电枢电流 I_a 与磁通 Φ 相互作用，产生电磁转矩，使电枢转动。电枢转矩常用式（4－1）表示：

$$T = K_T \Phi I_a \tag{4-1}$$

式中：T——电磁转矩（N·m）；

K_T——与电动机结构有关的常数；

Φ——磁通（Wb）；

I_a——电枢电流（A）。

当电枢在磁场中转动时，电枢绕组中产生感应电动势，这个感应电动势的方向与外加电源电压的方向总是相反，也称为反电动势。电枢的感应电动势常用式（4-2）表示：

$$E = K_E \Phi n \tag{4-2}$$

式中：E——电枢感应电动势（V）；

K_E——与电动机结构有关的常数；

Φ——磁通（Wb）；

n——电枢转速（r/min）。

电枢的电压平衡方程为

$$U_a = E + R_a I_a \tag{4-3}$$

式中：U_a——电枢电压（V）；

E——电枢感应电动势（V）；

R_a——电枢电阻（Ω）；

I_a——电枢电流（A）。

由式（4-2）和式（4-3）可得电枢的转速方程：

$$n = \frac{U_a - R_a I_a}{K_E \Phi} \tag{4-4}$$

根据式（4-1）用 T 替代 I_a，则式（4-4）可写成：

$$n = \frac{U_a}{K_E \Phi} - \frac{R_a}{K_E K_T \Phi^2} T \tag{4-5}$$

当励磁电压和励磁电阻保持不变时，励磁电流以及由励磁电流所产生的磁通 Φ 也保持不变，式（4-5）可写成：

$$n = n_0 - \beta T \tag{4-6}$$

式中：$n_0 = \frac{U_a}{K_E \Phi}$，即电磁转矩 $T=0$ 时的转速，实际上 n_0 是不存在的，因为即使电动机轴上没有加负载，电动机的转矩也不可能为零，它还要平衡空载损耗转矩。所以，通常 n_0 称为理想空载转速；

$\beta = \frac{R_a}{K_E K_T \Phi^2}$，当 R_a、Φ 保持不变时，β 是一个常数。

学习笔记

学习笔记

因此，直流伺服电动机的机械特性曲线为一条直线，如图4-4所示。

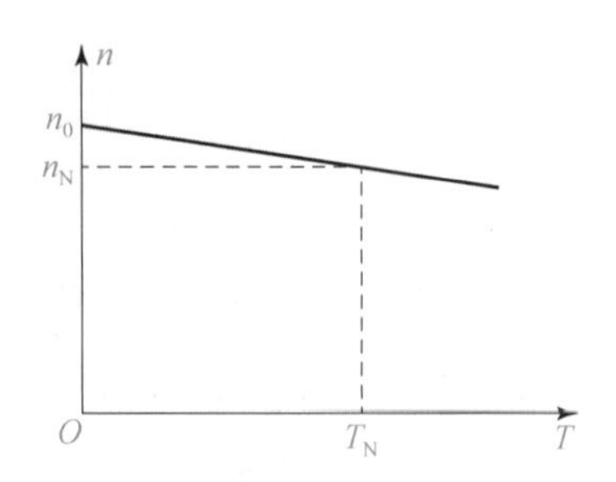

图4-4　直流伺服电动机的机械特性曲线

图4-4中 n_N 为电动机的额定转速，T_N 为额定转矩。他励电动机机械特性曲线的斜率 $\beta=\frac{R_a}{K_E K_T \Phi^2}$，由于电枢电阻 R_a 很小，因此斜率也很小。当负载变化时，电动机转速变化不大，所以他励直流伺服电动机的机械特性是硬特性，电动机稳定性好。在直流伺服系统中，总是希望电动机的机械特性硬一些，这样，当带动的负载变化时，引起的电动机转速变化小，有利于提高直流电动机的速度稳定性。

5. 直流伺服电动机的调速

对直流伺服电动机的调速主要是指对电动机转速大小、方向的控制，即对电动机工作状态的控制。由式（4-6）$n=n_0-\beta T$ 可知，当改变电枢电压时，$n_0=\frac{U_a}{K_E \Phi}$随着电枢电压 U_a 的改变而改变，$\beta=\frac{R_a}{K_E K_T \Phi^2}$的值不变。改变电枢电压得到的电动机的机械特性曲线如图4-5所示。机械特性是一组平行线，改变电枢电压可以得到不同的空载转速，其机械特性曲线只是上下移动，电动机的机械特性硬度不变，这就使得调速幅度较大，可均匀调节电枢电压，以得到平滑的无级调速。所以直流伺服电动机的调速主要采用调压调速。

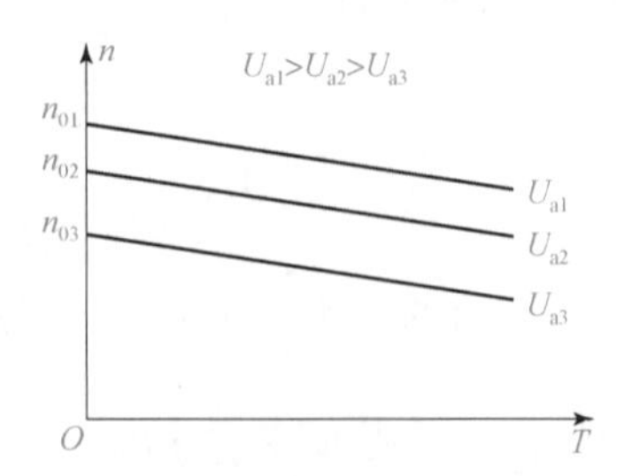

图4-5　改变电枢电压时的机械特性曲线

控制电枢电压的大小和方向就可以调节直流伺服电动机的转速和方向。在一定负载转矩下，当磁通不变时，如果升高电枢电压，则电动机的转速升高；反之，降低电枢电压，则转速下降；当电枢电压为零时，电动机立即停止转动；若改变电枢电压的极性，可使电动机反转。为保证电动机的绝缘不受损害，电枢电压的变化只能在小于额定电压的范围内适当调节。

目前直流伺服电动机的控制电路较多采用晶闸管调速和脉宽调制（Pulse Width Modulation，PWM）调速。

1）晶闸管直流调速

由晶闸管可控整流电路给直流电动机供电的系统称为晶闸管—电动机系统，简称V－M系统，其原理框图如图4－6所示。通过改变给定电压U_s来改变晶闸管触发装置GT的触发脉冲的相位，从而可改变晶闸管整流装置V的输出电压U_d的平均值，进而达到改变直流电动机转速的目的。

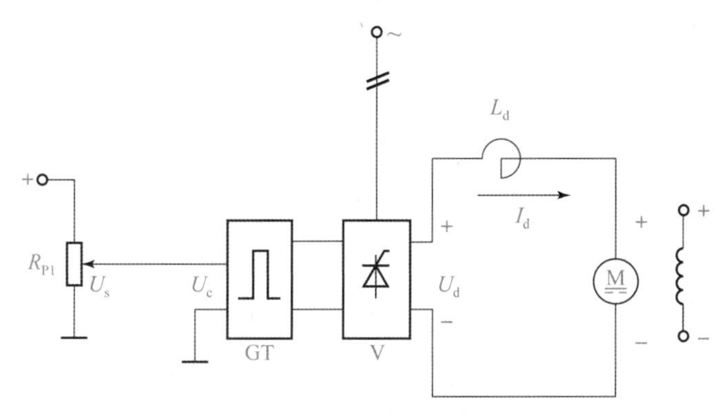

图4－6　晶闸管直流调速原理

晶闸管整流装置经济、可靠，控制功率小。但由于晶闸管的单向导电性，它不允许电流反向，给系统的可逆运行造成了困难。另一个问题是当晶闸管导通角很小时，系统的功率因素很低，并会产生较大的谐波电流，从而引起电网电压波动殃及同电网中的用电设备，造成“电力公害”。

2）脉宽调制调速

直流脉宽调制调速的核心是脉冲宽度调制器，它是利用电子开关，将直流电源电压转换成一定频率的方波脉冲电压，然后再通过对方波脉冲宽度的控制来改变平均输出电压的大小与极性，从而达到对电动机进行变压调速的一种方法。简单的脉宽调制电路如图4－7所示。

脉宽调制调速的电流脉动小，电枢电流容易连续，不用在主回路中串入大电感，仅靠电枢电感就可以滤波；系统低速特性稳定调整范围宽，且无须另加设备就可以实现可逆调速；元件只工作在开关状态，主电路损耗小，设备效率较高；交流侧的功率因素和对电网的干扰都比晶闸管整流装置要好。

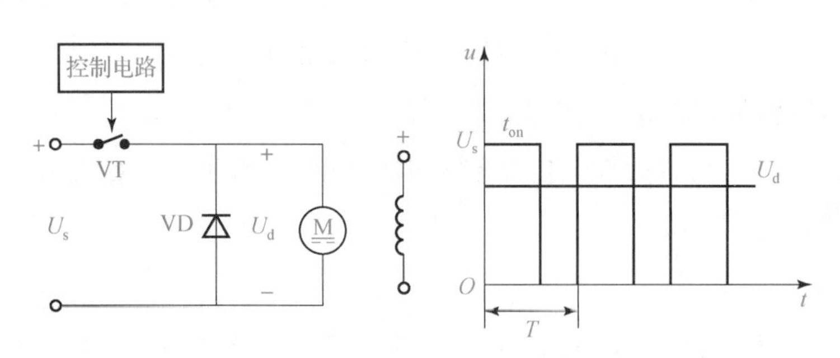

图 4-7 直流脉宽调制调速原理

6. 无刷直流电动机

之前介绍的励磁式直流电动机和永磁式直流电动机的工作原理相同，都需要电刷和换向片。由于电刷的存在使电动机结构复杂，容易形成火花，维修不便，限制了电动机的大功率应用，如果能够不要电刷，电动机结构就会大大简单，消除火花。能否采用电力电子装置取代电刷和换向器呢？答案是肯定的。永磁无刷直流电动机（BLDC）就是按照这一设想实现的。

把永磁直流电动机的结构做调整，把永磁体安装在转子上，把电枢绕组安装在定子上，用逆变器和转子位置检测器组成的电子换向器取代有刷直流电动机的机械换向器和电刷，就得到了永磁无刷直流电动机。

永磁无刷直流电动机既保留了直流电动机良好的运行性能，又具有交流电动机结构简单、维护方便和运行可靠等特点，在航空航天、数控装置、机器人、计算机外设、汽车电器、电动车辆和家用电器的驱动中获得了越来越广泛的应用。

永磁无刷直流电动机一般由电动机本体、逆变器、转子位置检测器和控制电路四部分组成，其结构简图如图 4-8 所示。

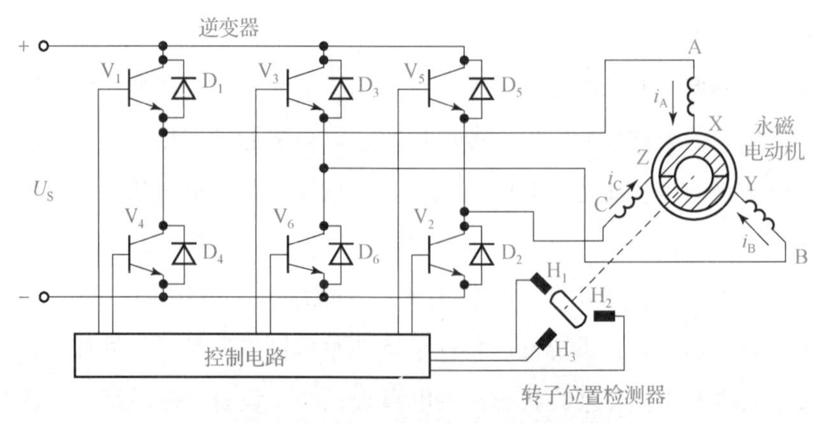

图 4-8 永磁无刷直流电动机的结构简图

学习笔记

（1）电动机本体。永磁无刷直流电动机的本体由定子和转子两部分组成。电枢绕组安装在定子上，通常是三相绕组，绕组可以是分布式或集中式，接成星形或三角形，各相绕组分别与逆变器中的相应功率管连接，转子则由永磁体按一定的极对数安装组成。

（2）逆变器。有刷式直流电动机，转子上的电枢绕组接通直流电后，在磁场中受到电磁转矩的作用，转子按一定的方向旋转。对于永磁无刷直流电动机，定子上安装电枢绕组，转子上安装永磁体。要使转子转动，显然电枢绕组的供电源必须能够产生一个旋转磁场，在这个旋转磁场和永磁的作用下，使转子转动。三相对称交流电可以产生旋转磁场，逆变器的作用就是将直流电转换成交流电向电枢绕组供电。与一般逆变器不同，它的输出频率不是独立调节的，而是受控于转子位置信号，是一个“自控式逆变器”。

（3）转子位置检测器。转子位置检测器是无刷直流电动机的重要组成部分，用来检测转子磁极相对于定子绕组的位置信号，为逆变器提供正确的换相信息。

（4）控制电路。控制电路根据转子位置检测器测得的电动机转子位置来控制逆变器功率管的开关状态，保证定子绕组准确换相。除此之外，还可控制电动机的转速、转向、转矩以及保护电动机，包括过电流、过电压、过热等保护。

无刷直流电动机的机械特性与他励磁直流电动机的机械特性基本相同，具有良好的控制性能，可以通过改变电压实现无级调速。对定子绕组的导通相进行 PWM 脉宽调制，则绕组上的平均电压可以被控制，从而控制电动机转速。

二、交流伺服电动机

交流伺服电动机一般有两种：笼型异步交流伺服电动机和永磁同步交流伺服电动机。

1. 笼型异步交流伺服电动机

1）笼型异步交流伺服电动机的结构

笼型异步交流伺服电动机的结构与普通笼型异步交流电动机相同，区别在于笼型异步交流伺服电动机输出量可调，即输入电压、电流或频率具有可控性。笼型异步交流伺服电动机主要由定子和转子两大部分组成。

笼型异步交流伺服电动机的定子由机座、装在机座内的圆筒形定子铁芯和定子绕组组成。机座由铸铁或铸钢制成，铁芯由互相绝缘的硅钢片叠成，每片内圆周表面冲有槽，用以放置定子绕组，如图 4－9 所示。在定子铁芯中安放着空间互成 90°的两相绕组，如图 4－10 所示，j_1-j_2 为励磁绕组，k_1-k_2 为控制绕组。因此，异步交流伺服电动机是一种两相交流电动机。

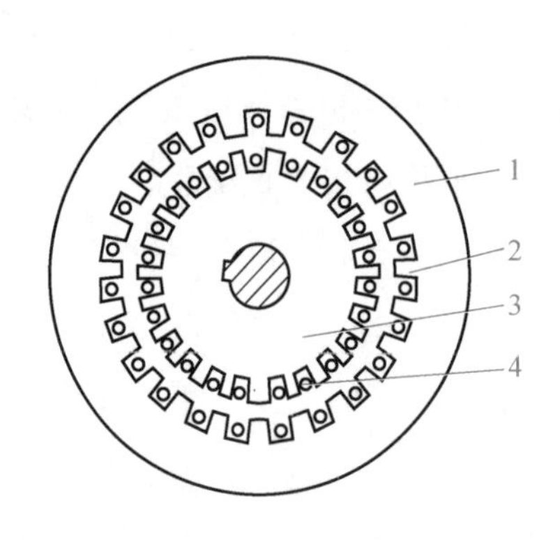

图 4－9　定子和转子的铁芯片

1—定子；2—定子绕组；3—转子；4—转子绕组

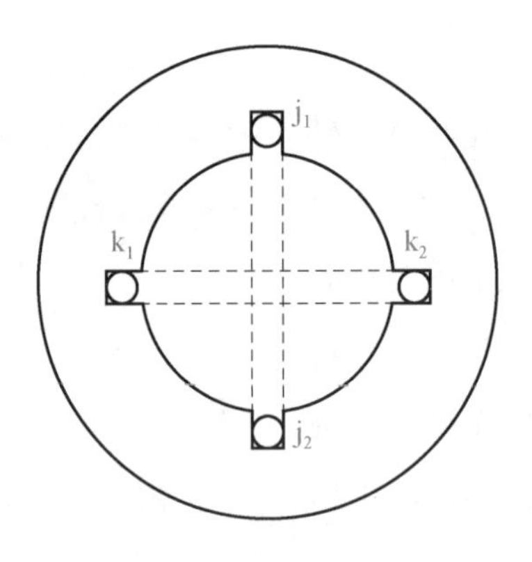

图 4－10　两相绕组分布图

其转子一般为鼠笼式结构，由转轴、转子铁芯和转子绕组等组成。转子铁芯由互相绝缘的硅钢片叠成，每片外圆周表面冲有槽，如图 4－11 所示，然后将冲片叠压起来将转轴装入铁芯中心的轴孔内。铁芯的每一槽中放有一根导条，所有导条两端用两个短路环连接，构成转子绕组。如果去掉铁芯，整个转子绕组形成一鼠笼状，如图 4－11 所示，“鼠笼转子”即由此得名。鼠笼的材料一般采用高电阻率的导电材料制造，如青铜、黄铜。

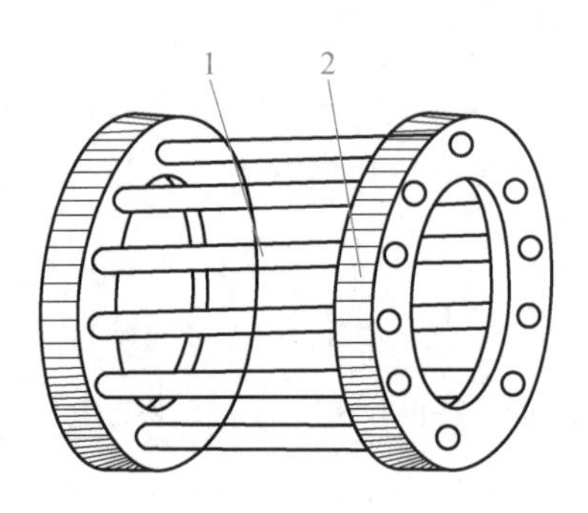

图 4－11　鼠笼式转子绕组

1—导条；2—短路环

笼型异步交流伺服电动机的结构如图 4－12 所示。

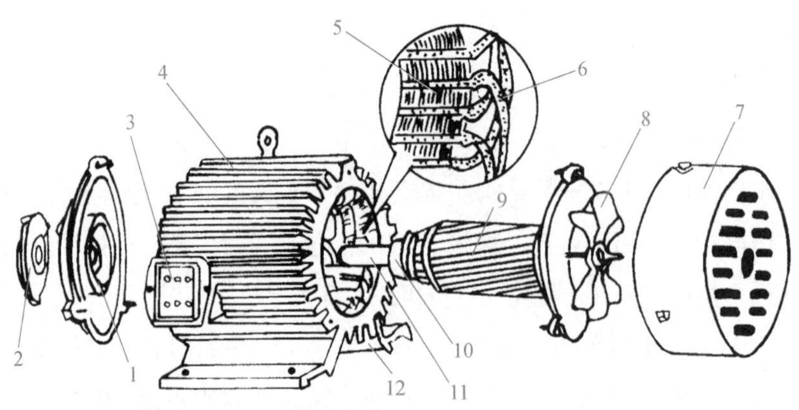

图 4－12　笼型异步交流伺服电动机的结构

1—端盖；2—轴承盖；3—接线盒；4—散热筋；5—定子铁芯；6—定子绕组；7—罩壳；8—风扇；9—转子；10—轴承；11—转轴；12—机座

2）异步交流伺服电动机的工作原理

异步交流伺服电动机是两相异步电动机，它的定子上装有两个绕组，两绕组在空间互成90°，一个是励磁绕组，其两端施加励磁电压；另一个是控制绕组，其两端施加控制电压。励磁电压和控制电压频率相同，相位相差90°。当通电后，定子上的两绕组产生一个旋转磁场，在这个旋转磁场的作用下，转子会转动起来。

3）异步交流伺服电动机的控制

通过改变控制电压的大小和相位就可以控制电动机的转速和转向。当励磁电压恒定不变，控制电压的大小变化时，转子的转速会相应发生变化。控制电压大，转子转得快；控制电压小，转子转得慢。当控制电压反相（相位改变180°）时，旋转磁场反转，从而转子也反转。

在电动机运行时若控制电压变为零，则电动机立即停止转动。因为当控制电压为零时，定子内只有励磁绕组产生的脉动磁场，转子与脉动磁场之间没有相对运动，因而转子上的感应电动势、感应电流、电磁转矩都不存在，转子静止不动。

2. 同步交流伺服电动机

1）同步交流伺服电动机的结构

同步交流电动机和其他类型的旋转电动机一样，由定子和转子两大部分组成，其结构模型如图4－13所示。同步交流电动机的定子由定子铁芯、定子绕组、机座和端盖等组成。铁芯由硅钢片叠成，定子绕组是三相对称绕组。同步交流电动机的转子与异步交流电动机的转子不同，它由转子铁芯、转子绕组、集电环和电刷等组成，通过电刷和集电环给转子上的励磁绕组通入直流励磁电流，可使转子产生固定极性的磁极。

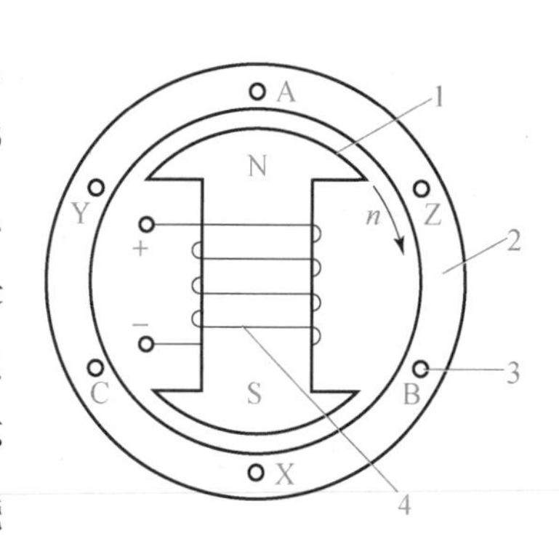

图4－13　同步电动机结构模型

1—磁极；2—定子铁芯；3—定子绕组；4—励磁绕组

永磁同步交流电动机的转子上装有永久磁铁，以产生固定极性的磁极，省去了转子绕组、集电环和电刷，无须励磁电流，其结构较为简单。因省去了励磁损耗，又可节约能量。随着永磁材料等相关技术的发展，永磁同步交流电动机的应用越来越广泛。

2）同步交流电动机的工作原理

当同步交流电动机的定子三相绕组接到三相对称电源上时，三相绕组中流入三相对称电流，由磁场理论可知，它将产生一个旋转磁场，如果转子已经通入直流励磁电流产生了固定的磁极极性，且转子转速接近于旋转磁场的同步转速，根据同名磁极相

学习笔记

学习笔记

斥、异名磁极相吸的原理，旋转磁场磁极对转子磁极产生的磁拉力则会牵引着转子以同步转速旋转。由于这种交流电动机转子的转速与旋转磁场的转速相同，故称为同步交流电动机。

3）同步交流电动机的启动

同步交流电动机的电磁转矩由定子旋转磁场和转子励磁磁场之间的相互作用产生，只有两者相对静止时，才能产生稳定的电磁转矩。同步交流电动机启动时，定子加上交流电压，由于转子的惯性，其速度不能突变，而磁场旋转太快，静止的转子根本无法跟随磁场旋转。因此，同步交流电动机无自启动能力，必须采取一定的启动措施。同步交流电动机的启动方法有辅助电动机启动法、变频启动法和异步启动法三种。

（1）辅助电动机启动法。

辅助电动机启动法用一台辅助电动机来拖动同步交流电动机，将同步交流电动机的转子拖动至接近同步转速，然后将同步交流电动机并入电网，撤出辅助电动机，最后再加上机械负载。这一方法适合空载启动。

（2）变频启动法。

变频启动法利用变频器进行启动。启动时，通过变频器给定子加上较低频率的电压，低频电源产生的较低转速的旋转磁场可以拖动转子转动起来，然后逐渐提高电源频率，转子转速也逐步提高，直至达到电动机要求的转速为止。

（3）异步启动法。

异步启动法是通过启动绕组来实现的。例如，永磁同步交流电动机在永磁转子上加装笼形绕组（启动绕组），根据异步交流电动机的原理可知，接通电源后，在旋转磁场产生的同时，就会在笼形绕组上产生感应电流，转子会像交流异步电动机一样启动旋转。这就是异步启动永磁同步交流电动机。启动结束后，由于转子与定子磁场无相对运动，故启动绕组不起作用。

4）同步交流电动机的调速

同步交流电动机的转速与电源频率保持严格的同步关系，故电源频率一定时，转速不变，且与负载无关。同步交流电动机调速的主要方式是变频调速，按频率控制方式的不同可分为他控式变频调速和自控式变频调速。

（1）他控式变频调速的变频装置与电动机是独立的，变频装置的输出频率由转速给定信号决定，系统一般为开环。这种调速方式控制简单，但存在转子振荡和失步问题。

（2）自控式变频调速的变频装置与电动机非独立，变频装置的输出频率是依据转子位置决定的，即其为电源频率自动跟踪转子位置的闭环系统。由于同步交流电动机的供电频率受转子位置的控制（定子磁场转速与转子转速相等，则始终保持同步），因此不会出现转子振荡和失步的隐患。

学习笔记

三、步进电动机

步进电动机又称为脉冲电动机，是数字控制系统中的一种执行元件，可将电脉冲信号转换成直线位移或角位移，广泛应用于打印机、数控设备、绘图仪、机器人、磁盘驱动器等设备中。步进电动机按励磁方式的不同可分为反应式、永磁式和混合式三种，其中反应式使用最为普遍。

1. 步进电动机的结构

步进电动机由定子和转子两大部分组成。现以三相反应式步进电动机为例说明其工作原理，其他步进电动机的工作原理与反应式步进电动机相似。图 4－14 所示为三相反应式步进电动机的结构。三相反应式步进电动机的转子无绕组，它是由带齿的铁芯做成的。定子上有六个磁极，每个磁极上绕有励磁绕组，位置相对的磁极上的绕组连在一起，作为一相，共分成 A、B、C 三相。步进电动机除做成三相之外，还可做成四相、五相、六相。

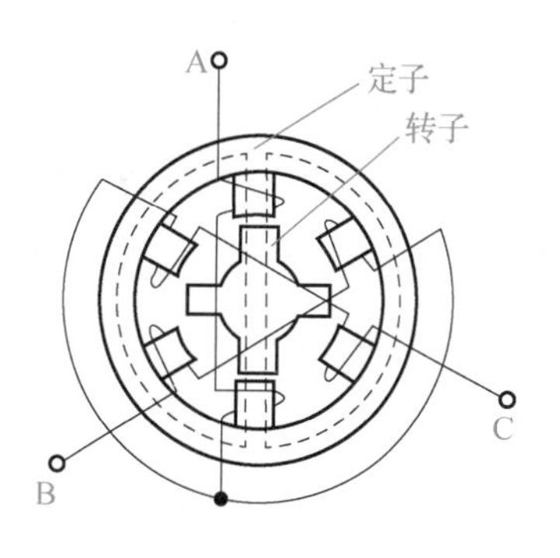

图 4－14　三相反应式步进电动机的结构

2. 步进电动机的工作原理

设启动时转子上的 1、3 齿在 A 相绕组磁极的附近，当第一个脉冲通入 A 相时，磁通企图沿着磁阻最小的路径闭合，在此磁场力的作用下，转子的 1、3 齿要和 A 磁级对齐，如图 4－15（a）所示。当下一个脉冲通入 B 相时，磁通同样要按磁阻最小的路径闭合，即 2、4 齿要和 B 磁级对齐，则转子就逆时针方向转动一步，如图 4－15（b）所示。当再下一个脉冲通入 C 相时，同理 1、3 齿要和 C 磁极对齐，也即转子再逆时针走一步，如图 4－15（c）所示。依次不断地给 A、B、C 相通以脉冲，则步进电动机就一步一步地按逆时针方向旋转。若通电脉冲的次序为 A、C、B、A、…，则不难推出，转子将以顺时针方向一步步地旋转。这样，用不同的脉冲通入次序就可以实现对步进电动机的控制。

定子绕组每改变一次通电方式，称为一拍。上述的通电方式称为三相单三拍。所谓“单”是指每次只有一相绕组通电；所谓“三拍”是指经过三次切换控制绕组的通电状态为一个循环。三相步进电动机除了“三相单三拍”方式外，还有“三相双三拍”“三相六拍”多种控制方式。

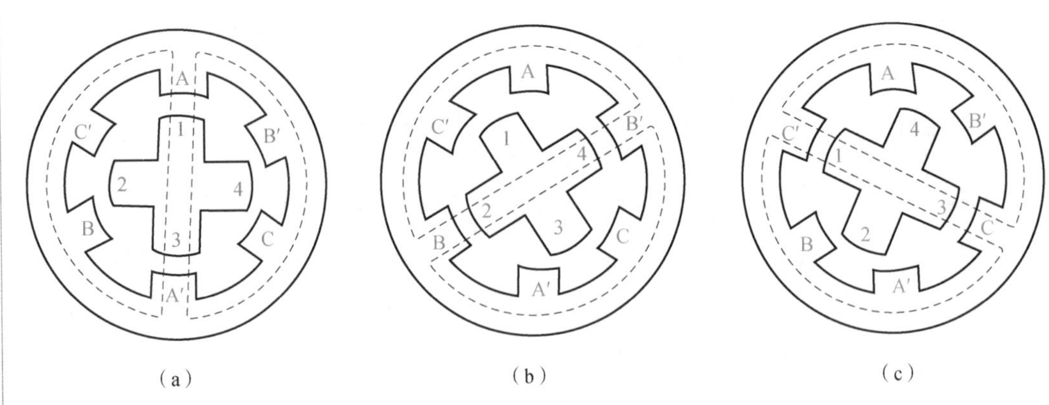

图 4-15　三相反应式步进电动机的工作原理

1）三相单三拍方式

由于三相单三拍方式每次只有一相绕组通电，在切换瞬间将失去自锁转矩，容易失步，易在平衡位置附近产生振荡，电动机工作的稳定性较差，故在实际应用中一般不采用单三拍的工作方式。

2）三相双三拍方式

三相双三拍方式是按 AB—BC—CA—AB 或相反的顺序通电的，如图 4-16 所示。由于每次同时给两相绕组通电，而且切换时总保持一相绕组通电，所以工作比较稳定。

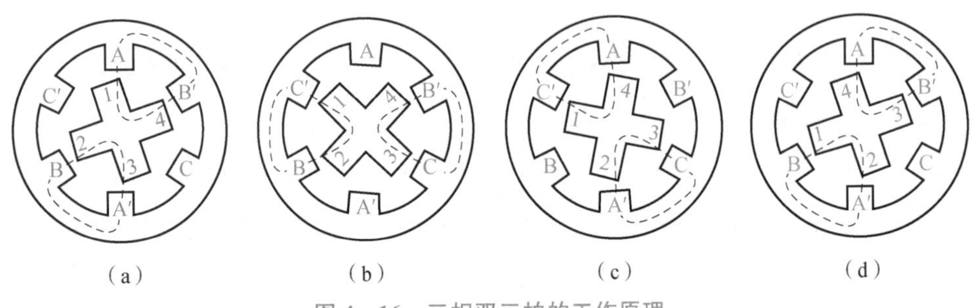

图 4-16　三相双三拍的工作原理

3）三相六拍方式

三相六拍方式是按 A—AB—B—BC—C—CA—A 或相反的顺序通电的，如图 4-17 所示。每输入一个电脉冲信号，转子转过的角度称为步距角。三相六拍方式的步距角比前两种控制方式的步距角小一半，因而精度更高，且切换时总保持一相绕组通电，所以工作比较稳定，故这种方式被大量采用。

3. 步进电动机的控制

步进电动机绕组的通/断电次数和各相通电顺序决定了输出的角位移和运动方向，

图 4－17　三相六拍的工作原理

控制脉冲分配频率可实现步进电动机的速度控制，这种使电动机绕组的通/断电顺序按输入脉冲的控制而循环变化的过程称为环形脉冲分配。

实现环形分配的方法有两种：一种是计算机软件分配，即采用查表或计算的方法依次输出满足速度和方向要求的环形分配脉冲信号。这种方法能充分利用计算机软件资源，以减少硬件成本，尤其是多相电动机的脉冲分配更显示出其优点。但由于软件运行会占用计算机的运行时间，因而会使插补运算的总时间增加，从而影响步进电动机的运行速度。

另一种是硬件环形分配，即采用数字电路搭建或专用的环形分配器件将连续的脉冲信号经电路处理后输出环形脉冲。采用数字电路搭建的环形分配器通常由分立元件（如触发器、逻辑门等）构成，其特点是体积大、成本高、可靠性差。专用的环形分配器目前在市面上有很多种，采用专用的环形分配器的优点是使用方便、接口简单。

四、开关磁阻电动机

开关磁阻电动机的研究最早可以追溯到 19 世纪 40 年代，英国研究者将其应用于机车牵引系统，直到 20 世纪 60 年代初随着电力电子、微电脑和控制理论的迅速发展，开关磁阻电动机的设计开发才得以全面开展。其具有结构简单、运行可靠、成本低、效率高等突出优点。

学习笔记

开关磁阻电动机定子和转子均采用凸极结构，定子和转子铁芯均用硅钢片冲成一定形状的齿槽，然后叠压而成。定子采用集中绕组，径向相对的两个绕组串联构成一相绕组；转子上既无绕组也无永磁体。如图4-18所示，开关磁阻电动机是基于磁阻最小的原理（磁通总是沿磁阻最小的路径闭合），当定、转子齿中心线不重合，磁阻不为最小时，磁场就会产生磁拉力，形成磁阻转矩，使转子转到磁阻最小的位置，即两轴线重合位置，这类似于磁铁吸引铁质物质的现象。当向定子各相绕组中依次通入电流时，使得转子不断地移到磁阻最小的位置，电动机转子将一步一步地沿着通电相序相反的方向转动，从而驱动转子旋转。如果改变定子各相的通电次序，则电动机将改变转向。

图4-18 开关磁阻电动机

五、电动机控制集成电路

电动机控制驱动器是实现电动机控制的基本部件，开发一个电动机控制驱动器是一项烦琐的工作。现在，随着微电子技术、电力电子技术和自动控制技术的飞速发展，电动机控制集成电路的广泛应用，设计任务大大减轻，设计人员只需根据任务要求，选取一些成熟的电动机控制集成电路和驱动模块即可。

用于电动机控制的集成电路大致可以分为三大类：电动机控制专用集成电路、专为电动机控制设计的微控器（MCU）和数字信号处理器（DSP）集成电路。这三类电动机控制用集成电路的性能和应用范围各不相同。电动机控制专用集成电路大多为模拟数字混合电路，在小功率的低端应用具有较大的优势和市场占有率，其特点是使用简单、开发周期短，但在系统设计的灵活性及性能等方面受到限制。针对电动机控制应用的MCU和DSP编程方便，非常适用于对控制性能和系统灵活性有一定要求的场合。

电动机控制专用集成电路作为专用集成电路的一个重要方面，世界上多数大型半导体厂商都有自己开发的电动机控制专用集成电路，如三菱电机公司的M51660L是为无线操纵的车、船、飞机模型等电动玩具专门设计的，由无线电接收器发出脉宽变化信号，通过M51660L来驱动直流电动机做旋转和正反转运动；Infineon公司的TLE4206G是一个用于汽车及其他工业直流电动机伺服控制的H桥驱动器；日本无线电公司（JRC）生产的NJM2611是无线电操纵控制用直流伺服电动机集成电路，可用于电源电压变化范围较宽的场合；Allegro MicroSystems公司生产的电动机驱动集成电路在

学习笔记

办公自动化、工业自动化、汽车和便携式电子设备等方面都有应用；LSI Computer Systems 公司的 LS7560/LS7561 适用于无刷直流电动机闭环或开环控制；ON Semiconductor 公司的 MC33039 是专门用于无刷直流电动机控制系统的高性能闭环速度控制适配器，可实现精确的速度调整。

电动机控制的 MCU 与 DSP 在特性上各有不同。MCU 侧重于 I/O 接口的数量和可编程存储器的大小，所以 MCU 非常适用于有大量 I/O 操作的场合；而 DSP 的特长在于高速运算，侧重于运算速度。市场上较通用的变频器大多采用单片机来控制，应用较多的是 8096 系列产品。但单片机的处理能力有限，对于需要处理大量数据且实时性和精度要求较高的系统，单片机往往不能满足要求。

与 MCU 相比，DSP 具备更强的信号处理构架。通过软件编程、附加的函数功能和运算法则等，DSP 可实现高效率和高级控制过程。但 DSP 算法复杂，不易掌握。随着集成电路技术的发展，使得 DSP 的成本快速下降，DSP 的应用场合日益广泛，DSP 正渗透到整个电动机控制市场。为了在广阔的市场抢占份额，各大 DSP 生产厂商都推出了自己的内嵌式 DSP 电动机控制集成电路，如美国德州仪器（TI）公司生产的 2000 系列的 DSP、美国 Analog Devices（AD）公司生产的 ADMC3XX 系列的 DSP，都非常适合电动机控制。

六、电动机的选型

在选择伺服电动机时，应根据系统的技术要求、运行地点的外部环境、供电电源以及传动机构的配合，合理地选择电动机的类型、性能参数及外部结构，使电动机在高效率、低损耗的状态下可靠工作。

1. 电动机类型的选择

在选择电动机时，在满足过载能力、启动能力、调速性能及运行状态等要求的前提下，优先选择结构简单、运行可靠、维护方便、价格便宜的电动机。

长期以来，在要求调速性能较高的场合，一直占据主导地位的是直流电动机的调速系统。但直流电动机都存在一些固有的缺点，如电刷和换向器易磨损，需要经常维护；换向器换向时会产生火花，使电动机的最高速度受到限制，也使应用环境受到限制；而且直流电动机结构复杂，制造困难，对钢铁材料消耗大，制造成本高。

20 世纪后期，随着电力电子技术的发展，交流电动机应用于伺服控制越来越普遍。与直流伺服电动机相比，交流伺服电动机不需要电刷和换向器，因而维护方便，并对环境无要求。此外，交流电动机还具有转动惯量、体积和质量较小，结构简单，价格

学习笔记

便宜等优点，尤其是交流电动机变频调速技术的快速发展，使它得到了更广泛的应用。交流电动机的缺点是转矩特性和调节特性的线性度不如直流伺服电动机好；在伺服系统设计时，除某些操作特别频繁或交流伺服电动机在发热和启、制动特性不能满足要求时选择直流伺服电动机外，一般尽量考虑选择交流伺服电动机。

2. 电动机主要性能参数的选择

电动机的主要性能参数有额定功率、额定电压和额定转速。

1）额定功率的选择

额定功率的选择十分重要。如果额定功率选择过小，电动机经常在过载工况下运行，电动机将因过热而过早损坏，或者有时还会因为难以承受冲击负载而造成启动困难。额定功率选得过大也不合理，一方面增加了设备投资，另一方面由于电动机经常在欠载下运行，其效率及功率因素等性能指标变差，造成电能浪费。

确定额定功率时主要考虑两个因素：电动机的发热及升温和电动机的短时过载能力。

2）额定电压的选择

额定电压的选择应综合考虑其额定功率和所在系统的配电电压及配电方式。

3）额定转速的选择

额定转速的确定应综合考虑电动机和系统传动机构两个方面。

3. 电动机外部结构形式的选择

主要从电动机的安装条件、工作环境等方面综合考虑，来选择电动机的外部结构，如电动机的外壳防护形式有开启式、防护式、封闭式和防爆式。开启式电动机散热好、价格低，但容易进灰尘、水滴、铁屑等杂质，只能在清洁干燥的环境中使用；防护式电动机在基座下面有通风口，散热好，可防止杂物落入电动机内，但潮气和灰尘能进入，因此一般适用于干燥清洁的环境；封闭式基座及端盖上均无通风孔，散热差，多用于灰尘多、潮湿、有腐蚀性气体等较恶劣的环境；防爆式电动机适用于有易燃易爆气体的场所。

步骤一　查阅相关资料

以小组（5~8 人为宜）为单位，查阅相关资料或网络资源，学习电气驱动的相关知识。

步骤二　参观实训基地

学习笔记

现场参观汽车维修实训室，了解驱动电机在汽车上的应用，观察所用到的电动机类型及安装位置，并做好详细记录。

步骤三　分析驱动电机在汽车上的应用

小组间进行交流与学习，梳理知识内容，分析汽车上驱动电机的类型及其使用特点。

驱动电机在汽车上的应用

目前，车辆驱动用的电动机类型大致有直流有刷电动机、交流异步电动机、开关磁阻电动机和直流无刷电动机，其主要分布于汽车的发动机、底盘、车身三大部分及其附件中，见表4－2。

表4－2　汽车上的电动机

电动机位置	发动机用电动机	底盘车架上的应用	汽车附件上的应用	汽车车身用电动机
名称	（1）怠速步进电动机； （2）燃油泵电动机； （3）机油泵电动机； （4）发动机散热器电动机； （5）冷却水泵电动机； （6）副散热器电动机； （7）起动电动机； （8）离合器电动机； （9）发电用电动机	（1）汽车稳定性控制电动机； （2）可变减震器电动机； （3）车架高度调整电动机； （4）倾斜控制电动机； （5）汽车驱动电动机； （6）ABS控制电动机； （7）电力转向装置电动机； （8）巡航控制电动机	（1）头枕位置调整电动机； （2）电子反光镜电动机； （3）遮阳篷顶电动机； （4）电动窗帘电动机； （5）窗帘直线电动机； （6）车窗电动机； （7）安全带电动机； （8）自动门锁电动机； （9）座椅调节器电动机	（1）前、后窗冲洗器电动机； （2）前灯自动天线电动机； （3）前灯冲洗器电动机； （4）可伸缩车前灯电动机； （5）后视镜角度控制电动机； （6）后视镜上、下、左、右控制电动机； （7）前、后、左、右车门电动机； （8）电动门窗电动机； （9）空调冷凝器风扇电动机； （10）刮水器电动机

汽车的种类很多，各种车辆的性能指标不同，对驱动电机的要求也不同。因此针对主要应用特点，选择最适合的驱动电机方案。例如，高档轿车对电动机体积、质量要求高，同时要求低转矩脉动和低噪声，故可选用永磁电动机；对于跑车、越野车等对加速特性或过载能力要求高，且要求具有超高速运行能力，故应优选开关磁阻电动

学习笔记

机；环保车或观光车等车型，对电动机性能要求不很高，但对低成本要求高，故可优先用交流异步电动机。

评价项目	评价内容	分值/分	自评20%	互评20%	师评60%	合计
职业素养50分	劳动纪律，职业道德	10				
	积极参加任务活动，按时完成工作任务	10				
	团队合作，交流沟通能力，能合理处理合作中的问题和冲突	10				
	爱岗敬业，安全意识，责任意识，服从意识	10				
	能用专业的语言正确、流利地展示成果	10				
专业能力50分	专业资料检索能力	10				
	了解驱动装置的分类及特点	5				
	理解直流、交流伺服电动机的工作原理和特点	10				
	理解步进电动机的工作原理和特点	5				
	了解电动机的控制集成电路和电动机的选型	10				
	会分析机电一体化系统中所用到的驱动装置的类型及其使用特点	10				
创新能力加分20	创新性思维和行动	20				
总计		120				
教师签名：		学生签名：				

任务二　液压驱动在汽车上的应用分析

本任务是在了解液压驱动机构的类型、特点及其控制之后，通过资料查找、实物

分析等方法，记录并分析液压驱动在汽车上的应用。

学习笔记

知识链接

知识模块一　液压驱动部件的类型和特点

液压动部件以流体为工作介质，将液压能转换为机械能，从而带动负载。液压驱动元件主要有液压缸和液压马达两大类。液压缸把液压能转换为直线运动或小于360°的摆动，液压马达把液压能转换为连续旋转运动。

一、液压缸

液压缸按供油方式的不同，可分为单作用缸和双作用缸。单作用缸只是往缸的一侧输入高压油，靠弹簧或其他外力使活塞复位；双作用缸则是在缸的两侧均输入压力油，活塞的正反向运动均靠液压力来完成。

按其结构特点的不同，液压缸可分为活塞缸、柱塞缸和摆动缸三类。活塞缸和柱塞缸用以实现直线运动，输出推力和线速度；摆动缸用以实现小于360°的摆动，输出转矩和角速度。

活塞缸可分为双杆式和单杆式。双杆式活塞缸在活塞的两侧均设有直径相同的活塞杆，常用于要求往复运动和负载相同的场合；单杆式活塞缸的活塞一侧有活塞杆伸出，两腔的有效工作面积不相等。一般来说，活塞或缸体在两个方向上的运动速度和推力都不相等。

柱塞缸是单作用缸，只能做单向运动，其回程必须依靠外力来完成；柱塞表面与缸筒内壁不接触，使柱塞与缸筒无配合要求，因此钢筒内壁仅需粗加工即可。柱塞缸的工艺性能好，特别适用于工作行程较长的场合。

摆动液压缸又称为摆动油马达，它是把压力能转换为摆动运动的机械能，其输出轴的转动角度小于360°，有单叶片和双叶片两种形式。摆动缸结构紧凑，输出转矩大，但密封困难，一般只用于机床的送料装置、回转夹具和工业机器人手臂的回转等装置中，以实现这些机械的往复摆动、转位或间歇运动。

二、液压马达

液压马达按其排量是否可调，分为定量马达和变量马达；按其供油方式的不同，可分为单向马达和双向马达。

液压缸和液压马达的图形符号见表4－3。

学习笔记

表 4 – 3　液压缸和液压马达的图形符号

名称		符号	说明
单作用缸	单活塞杆缸	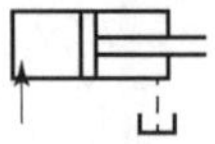	详细符号
		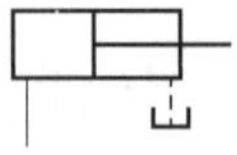	简化符号
	单活塞杆缸 （带弹簧复位）	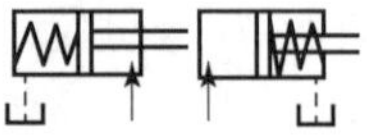	详细符号
		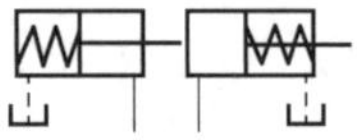	简化符号
	柱塞缸	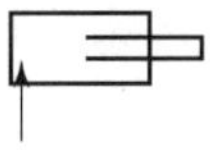	
双作用缸	单活塞杆缸	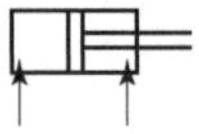	详细符号
		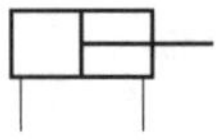	简化符号
	双活塞杆缸	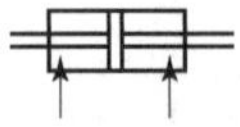	详细符号
		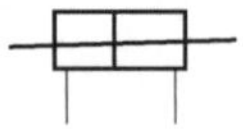	简化符号
液压马达	液压马达		一般符号
	单向定量液压马达		单向流动，单向旋转
	双向定量液压马达		双向流动，双向旋转，定排量

续表

名称		符号	说明
液压马达	单向变量液压马达		单向流动，单向旋转，变排量
	双向变量液压马达		双向流动，双向旋转，变排量
	摆动马达		双向摆动，定角度

学习笔记

知识模块二　液压驱动部件的控制

液压系统中用以控制流体压力、流量和方向的控制元件称为液压控制阀（或简称液压阀、控制阀）。液压阀的种类繁多，但它们的结构类似，主要包括阀体、阀芯和阀芯驱动件。按照用途的不同，液压阀可分为方向控制阀、压力控制阀和流量控制阀。

一、方向控制阀

方向控制阀利用阀芯和阀体间相对位置的改变，来实现油路通道通/断状态的改变，从而控制液流方向，以满足执行部件的启动、停止和运动方向变换的工作要求。方向控制阀可分为单向阀和换向阀两大类。

单向阀又分为普通单向阀和液控单向阀，它们的图形符号如图 4－19 所示。

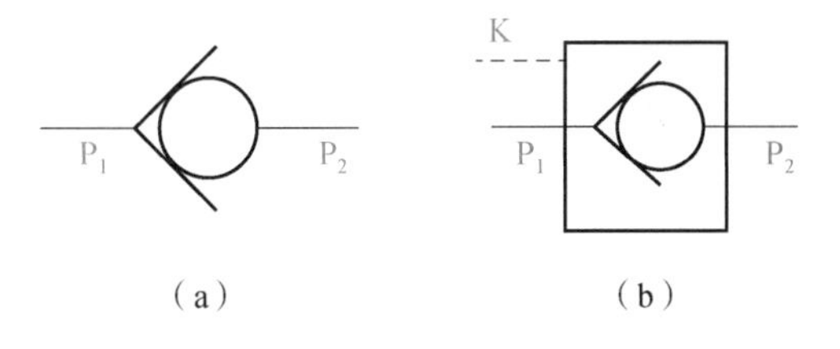

图 4－19　单向阀的图形符号

（a）普通单向阀；（b）液控单向阀

普通单向阀又称为止回阀，它只允许液体沿一个方向通过，而反向的流动被截止。普通单向阀安装在泵的出口，在泵工作时用来防止系统的压力冲击，在泵不工作时用来防止系统的油液倒流。它也可用作背压阀，或与其他阀并联组成复合阀。

学习笔记

液控单向阀是一类特殊的单向阀，它除了具有普通单向阀的功能外，还可以根据需要，在外部油压的控制下实现逆向流动。液控单向阀常用于液压系统的保压、锁紧和平衡回路。

换向阀是利用阀芯和阀体的相对运动，使阀芯停留在不同的工作位置上，来实现油路的通、断或连通方式的改变，以使执行部件启动、停止或运动方向变换。按阀体上油口通路数的不同，换向阀可分为二通、三通、四通、五通等；按阀芯相对于阀体工作位置数的不同，其可分为二位、三位、四位等。表 4－4 列出了换向阀的结构和图形符号。

表 4－4　换向阀的结构和图形符号

名称	结构原理图	图形符号
二位 二通阀	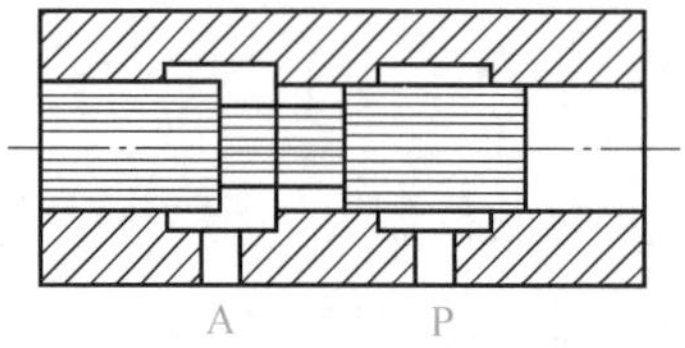	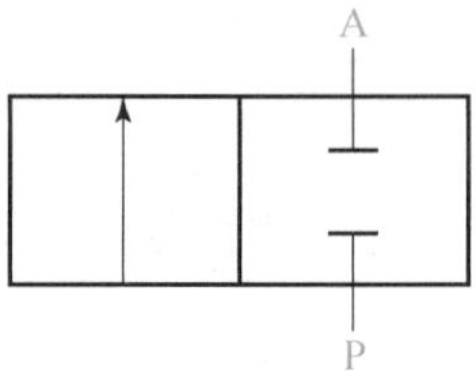
二位 三通阀	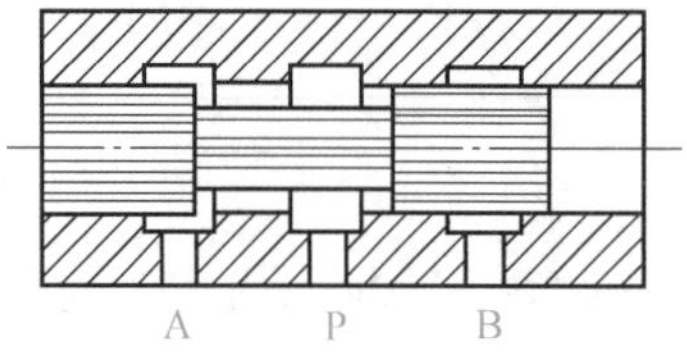	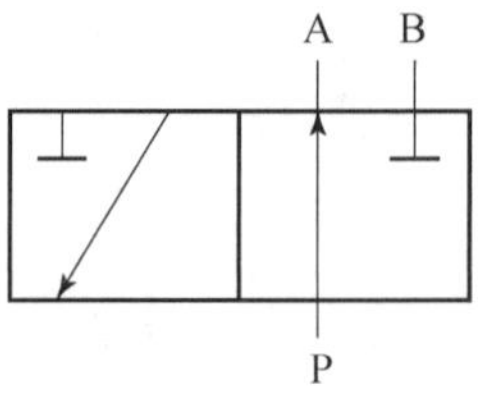
二位 四通阀	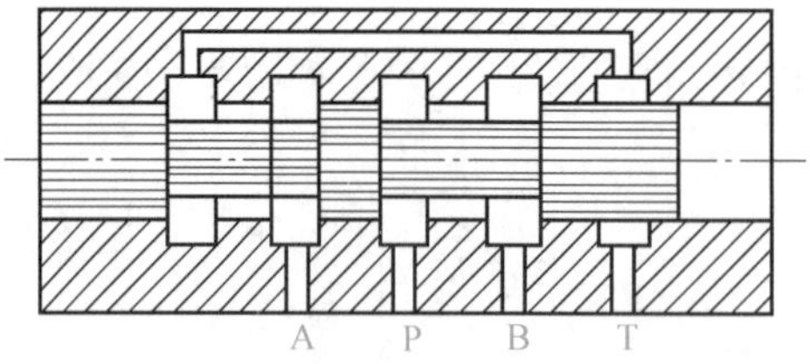	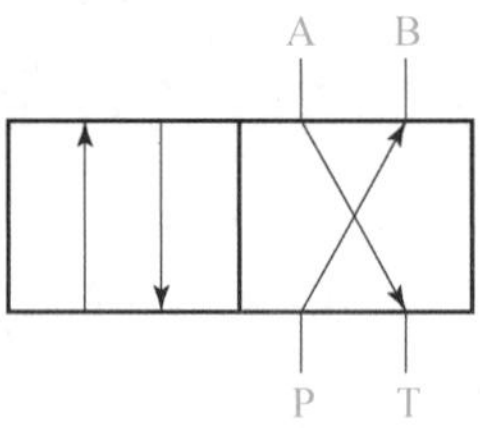
三位 四通阀	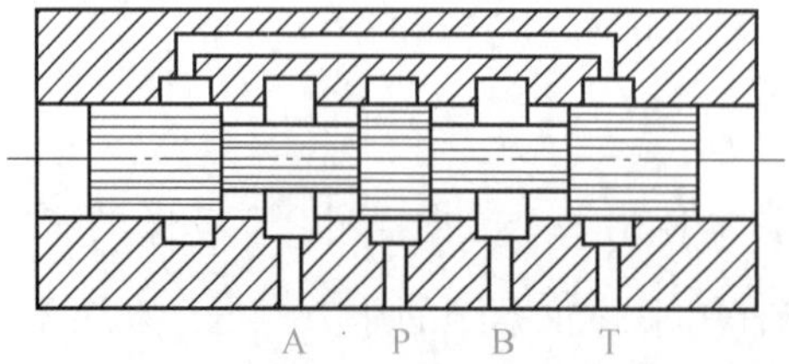	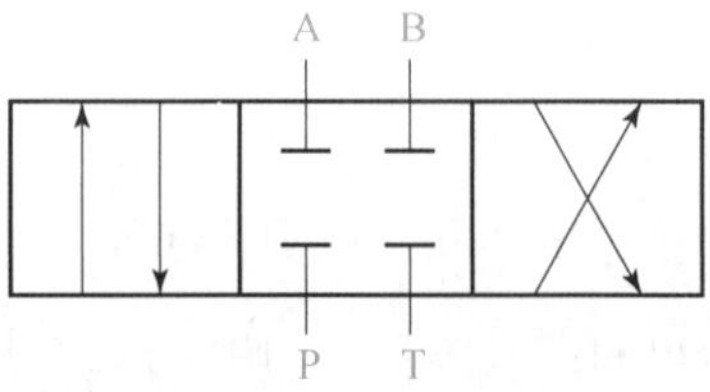

续表

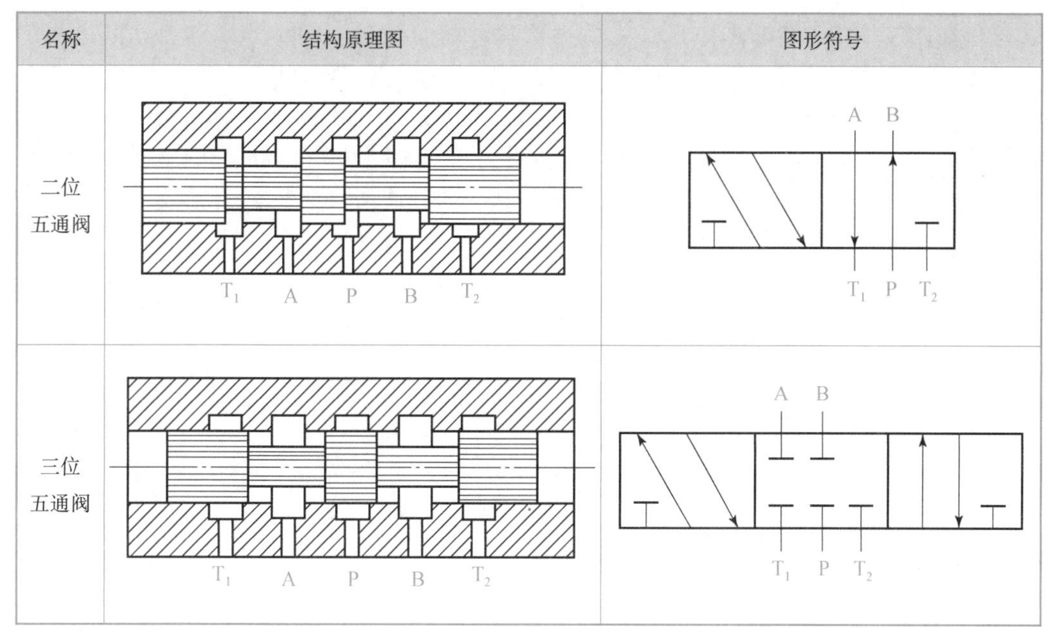

名称	结构原理图	图形符号
二位五通阀	T_1 A P B T_2	A B T_1 P T_2
三位五通阀	T_1 A P B T_2	A B T_1 P T_2

表4－4所示图形符号的含义如下：用方格表示一位，几位即几个方格；方格内的箭头表示该位置上的油路处于接通状态，堵截符号“⊥”或“⊤”表示此处油路被阀芯封闭，即不通，箭头首尾与堵截符号和一个方格有几个交点即为几通。

通常P表示进油口，T表示回油口，A、B表示与执行元件相连接的工作油口。

换向阀都有两个或两个以上的工作位置，其中一个为常态位，即阀芯未受到操纵力作用时所处的位置。二位阀的常态位是靠近弹簧的一格，三位阀的常态位是中间的一格。其原理图的油路一般连接在换向阀的常态位上。

二、压力控制阀

压力控制阀利用作用于阀芯上的液体压力与弹簧力的相互作用来控制阀口开度，从而实现油液的压力调节。按其功能和用途的不同，压力控制阀可分为溢流阀、顺序阀、减压阀和压力继电器。压力控制阀的符号及其作用见表4－5。

表4－5　压力控制阀的符号及其作用

名称	符号	作用
溢流阀	P T	（1）保持系统压力稳定； （2）使多余油液流回油箱

续表

名称	符号	作用
顺序阀		以压力为控制信号，自动接通或断开某一支路，从而实现多个执行元件的顺序动作
减压阀		降低系统某一支路的油液压力，并使其保持稳定
压力继电器		将压力信号转换为电信号

三、流量控制阀

流量控制阀依靠改变阀口通流面积的大小或通流通道的长短来控制流量，从而控制液压系统中执行元件的运动速度。流量控制阀分为节流阀、调速阀和溢流节流阀，其符号如图 4－20 所示。

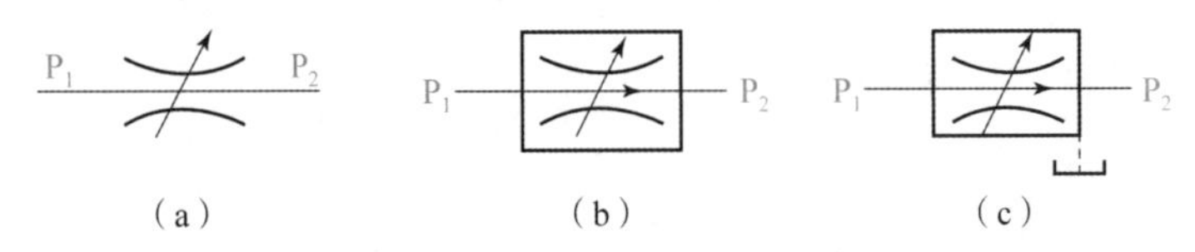

图 4－20　流量控制阀的图形符号

(a) 节流阀；(b) 调速阀；(c) 溢流节流阀

任务实施

步骤一　查阅相关资料

以小组（5～8 人为宜）为单位，查阅相关资料或网络资源，学习液压驱动的相关知识。

步骤二　参观实训基地

现场参观汽车维修实训室，了解液压驱动在汽车上的应用，观察所用到液压装置的类型及安装位置，并做好详细记录。

学习笔记

步骤三　分析液压驱动在汽车上的应用

小组间进行交流与学习，梳理知识内容，分析汽车上液压驱动的应用特点。

液压驱动在汽车上的应用。

1. 汽车液压助力转向装置

液压助力转向装置由控制阀、储油罐、油泵和动力缸组成。当驾驶员转动转向盘，通过机械转向器使转向控制阀处于某一工作位置时，转向动力缸的活塞一侧与回油管隔绝，与油泵相通，压力升高；另一侧仍然与回油管路相通，压力较低，转向动力缸活塞移动，产生推力。转向盘停止转动后，转向控制阀回到中立位置，动力缸停止工作。

该系统能够根据汽车行驶条件的变化对助力的大小实行控制，使汽车在停车状态时得到足够大的助力，以便提高转向系统操作的灵活性。当车速增加时助力逐渐减小，高速行驶时无助力，使操纵有一定的行路感，而且还能提高操纵的稳定性。另外，液压系统一般工作压力不高，流量也不大。

2. 汽车液压制动系统

液压制动系统主要由制动踏板、制动主缸、轮缸、连接管路及制动力分配阀等组成。在制动系统中制动主缸是动力元件，向系统输送压力油；而制动轮缸是执行元件，推动制动蹄或制动块执行制动任务。当驾驶员施加控制力时，通过制动踏板传动至制动主缸，制动主缸再将制动液经油管分别送到前、后轮制动器中的制动轮缸，将制动蹄推向制动盘，消除制动间隙，产生制动力矩。随着踏板力的增大，制动力矩也相应成比例地增加，直到完全制动。放松制动踏板，制动蹄和制动轮缸的活塞在各自回位弹簧的作用下回位，制动液被压回到制动主缸，制动作用随之解除。

3. 汽车液压悬架系统

在汽车行驶过程中，由于路面不平整或者汽车自身运动状态的改变，会使汽车表现出各种运动形态，包括车身的垂直振动、俯仰运动和侧倾运动等，很难保证汽车的乘坐舒适性和操纵稳定性同时达到最佳。针对这一问题产生了根据工况要求保证汽车性能达到最佳的电控液压悬架系统。电控主动液压悬架利用液压系统主动控制汽车的振动，该系统主要由液压泵、压力控制阀、执行机构等组成。为了保证汽车的性能，它在汽车中心附近有纵、横向加速度和横摆陀螺仪传感器，用以把车身振动、车身高度、倾斜状态等信号传递给 ECU，ECU 根据输入信号和预先设定的程序发出指令，控制伺服电动机操纵前后执行油缸工作。

评价项目	评价内容	分值/分	自评20%	互评20%	师评60%	合计
职业素养50分	劳动纪律，职业道德	10				
	积极参加任务活动，按时完成工作任务	10				
	团队合作，交流沟通能力，能合理处理合作中的问题和冲突	10				
	爱岗敬业，安全意识，责任意识，服从意识	10				
	能用专业的语言正确、流利地展示成果	10				
专业能力50分	专业资料检索能力	10				
	理解液压驱动装置的类型及特点	15				
	了解液压驱动装置的控制	15				
	会分析机电一体化系统中所用到的驱动装置的类型及其使用特点	10				
创新能力加分20	创新性思维和行动	20				
总计		120				
教师签名：		学生签名：				

学习笔记

项目五　控制系统的设计

机电一体化系统具有信息采集与信息处理的功能，如何利用系统所获得的信息实现系统的工作目标，需要借助自动控制技术。工业控制计算机、各类微处理器、可编程控制器（Programmable Logic Controller，PLC）、数控装置等是机电一体化系统中的核心和智能要素，用于对来自检测传感器部分的电信号和外部输入命令进行处理、分析、存储，做出控制决策，指挥系统实现相应的控制目标。本项目主要内容包括连续型多臂机器人控制系统的方案设计。

项目目标

序号	学习结果
1	熟悉工业控制计算机的应用
序号	知识目标
K1	了解控制系统的组成及分类
K2	了解工业控制计算机的特点及应用
K3	了解计算机接口技术
序号	技能目标
S1	掌握简单控制系统的设计
序号	态度目标
A1	具有自主学习的能力：学会查工具书和资料，掌握阅读方法，做到学与实践结合，逐步提升自主学习的能力
A2	具有良好的团队合作精神：通过小组项目、讨论等任务，增强合作意识，培养良好的团队精神
A3	具有严谨的职业素养：在任务分析、解决中，培养考虑问题的全面性、严谨性和科学性

项目任务

序号	任务名称	覆盖目标
T1	连续型多臂机器人控制系统的设计	K1/K2/K3 S1 A1/A2/A3

任务　连续型多臂机器人控制系统的设计

任务引入

随着航空航天科技的发展，人们不断加大对空间环境的探测力度。在人类探索太空的同时难免会产生一些太空垃圾，这些垃圾属于不受人为控制的非合作目标，在太空漂浮过程中很容易对现役的航天器造成巨大的威胁。

连续型多臂机器人则主要由可变形的弹性中心骨架及其上分布的若干个关节组成，中心的弹性骨架随着受力不同会产生不同曲率的弯曲，其自由度数又在很大程度上得到增加，进行柔性抓捕时具备较强的避障能力与自适应性，能够实现对目标的包络和缠绕等抓捕方式，这种抓捕方式可以依据目标物体的形状与结构尺寸实现对操作臂的形状控制，抓捕可靠。机器人的控制系统则是实现机器人运动控制以及人机交互的载体。

本任务是在了解机电一体化系统中控制系统的组成、特点等内容之后，通过资料查找，设计连续型多臂机器人控制系统的控制方案，实现控制机器人各驱动组件之间的协调运作，从而捕获目标物体。

知识链接

知识模块一　控制系统概述

机电一体化系统中的控制系统占据着相当重要的地位。自动控制技术是按照给定的目标，依靠调节能量的输入，改变机电一体化系统的行为或性能的方法和技术。自动控制系统是机电一体化的重要组成部分，自动控制的任务实际上就是克服扰动量的影响，使系统按照给定量所设定的规律运行。

一、控制系统的组成

控制是指为达到预先给定的目的，作用于系统有目的的动作。控制系统的基本组成框图如图 5 – 1 所示。

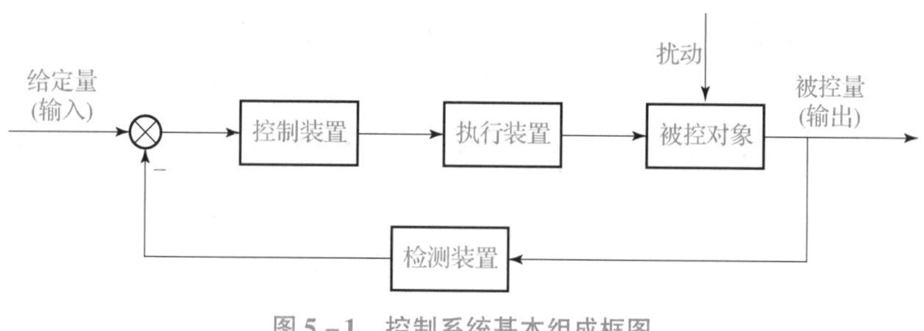

图 5 – 1　控制系统基本组成框图

1. 控制装置

在机电一体化系统中，控制装置一般采用工业控制计算机，包括单片机、可编程控制器（PLC）、总线工业控制计算机。控制装置的作用是对机电一体化系统的控制信息和来自传感器的反馈信息进行处理，并向执行装置发出动作指令。

2. 执行装置

执行装置的作用是按控制信号的要求，将输入的各种形式的能量转化成机械能，驱动被控对象工作。

3. 被控对象

被控对象是指被控制的机构或装置，是直接完成系统目的的主体。

4. 检测装置

检测装置的作用是检测被控量（输出量），实现反馈控制，一般包括传感器和转换电路。

在实际的控制系统中，上述的每个环节在硬件特征上并不独立，可能几个环节在一个硬件中，如测速直流电动机既是执行元件又是检测元件。

从方框图可以看出，一般加到控制系统的外作用有两种类型：输入信号和扰动信号。输入信号决定输出信号的变换规律，控制系统的任务就是使被控量等于给定量；而扰动信号是系统不希望有的外作用，它是引起被控量发生不期望变化的各种内部或外部因素。在实际应用中，扰动总是不可避免的，如电源电压的波动、飞行中气流的冲击等。

学习笔记

二、控制系统的分类

按系统给定的输入信号的特点，可将控制系统分为三类。

1. 恒值控制系统

恒值控制系统的给定量是一个常值。由于扰动的影响，被控量会偏离给定量而出现偏差，控制系统根据偏差产生控制作用，以克服扰动的影响，使被控量恢复到给定的常值。

在工业控制中，如果被控量是温度、流量、压力、液位等生产参数，则这种控制系统称为过程控制系统，它们大多数属于恒值控制系统。

2. 程序控制系统

程序控制系统的给定量是变化的，但它是一个已知的时间函数，或按预定的规律变化，比如金属热处理的温度控制装置、数控机床的数控程序加工，都属于这类系统。恒值控制系统可以看作是程序控制系统的特例。

3. 随动控制系统

随动控制系统的给定量是变化的，而且这种变化是预先未知的，也就是说给定量是按未知规律变化的任意函数。随动系统的根本任务就是能够自动、连续、精确地复现给定信号的变化规律。

在随动系统中，若被控量是机械参数，如位移、速度、力矩等，则这类系统称为伺服系统。伺服系统是机电一体化的基本控制系统，也是机电一体化设备的核心，其性能对机电一体化系统的动态性能、控制功能具有决定性的作用。

三、伺服控制系统

伺服控制系统是一种以机械参数，如位移、速度、力矩等为控制对象，在控制指令的作用下，使被控对象能够自动、连续、精确地复现输入信号的自动控制系统。如防空雷达控制就是一个典型的伺服控制过程，它是以空中的目标为输入信号，雷达天线要一直跟踪目标，为地面炮台提供目标方位；加工中心的机械制造过程也是伺服控制过程，位移传感器不断地将刀具进给的位移传送给计算机，通过与加工位置目标进行比较，计算机输出继续加工或停止加工的控制信号。绝大部分机电一体化系统都具有伺服功能，机电一体化系统中的伺服控制是为执行机构按设计要求实现运动而提供控制和动力的重要环节。

伺服控制系统的结构、类型繁多，分类方法很多，常见的分类方法如下：

学习笔记

1. 按执行元件的类型分类

按驱动元件的不同可分为电气伺服系统、液压伺服系统、气动伺服系统、电液伺服控制系统。电气伺服系统根据电动机类型的不同又可分为直流伺服系统、交流伺服系统和步进电动机控制伺服系统。目前，电气伺服系统占据的比例较大。

2. 按控制原理分类

按自动控制原理，伺服系统又可分为开环控制伺服系统、闭环控制伺服系统和半闭环控制伺服系统。

开环控制伺服系统没有检测环节，其结构简单、成本低廉、易于维护，但系统精度低、抗干扰能力差，一般应用于对精度要求不是很高的场合，如线切割机、办公自动化设备。

闭环控制伺服系统能及时对输出进行检测，并根据输出与输入的偏差，实时调整执行过程，因此系统精度高，但成本也大幅提高。

半闭环控制伺服系统的检测反馈环节位于执行机构的中间输出上，因此在一定程度上提高了系统的性能。如位移控制伺服系统中，为了提高系统的动态性能，增设的电动机速度检测和控制就属于半闭环控制环节。

伺服控制系统要求满足精度高、响应速度快、稳定性好、负载能力强和工作频率范围大等基本要求，同时还要求体积小、质量轻、可靠性高和成本低等。具体技术要求如下：

1. 系统精度

伺服系统精度是指输出量复现输入信号要求的精确程度，以误差的形式表现，即动态误差、稳态误差和静态误差。稳定的伺服系统对输入变化是以一种振荡衰减的形式反映出来的，振荡的幅度和过程产生了系统的动态误差；当系统振荡衰减到一定程度以后，我们称其为稳态，此时的系统误差就是稳态误差；由设备自身零件精度和装配精度所决定的误差通常指静态误差。

2. 稳定性

伺服系统的稳定性是指当作用在系统上的干扰消失以后，系统能够恢复到原来稳定状态的能力；或者当给系统一个新的输入指令后，系统达到新的稳定运行状态的能力。如果系统能够进入稳定状态，且过程时间短，则系统稳定性好；否则，若系统振荡越来越强烈，或系统进入等幅振荡状态，则属于不稳定系统。机电一体化伺服系统通常要求较高的稳定性。

3. 响应特性

响应特性是指输出量跟随输入指令变化的反应速度，决定了系统的工作效率。响应速度与许多因素有关，如计算机的运行速度、运动系统的阻尼、质量等。

4. 工作频率

工作频率通常是指系统允许输入信号的频率范围。当工作频率信号输入时，系统能够按技术要求正常工作；而在其他频率信号输入时，系统不能正常工作。在机电一体化系统中，工作频率一般是指执行机构的运行速度。

上述的四项特性是相互关联的，是系统动态特性的表现特征。系统设计时，在满足系统工作要求（包括工作频率）的前提下，首先要保证系统的稳定性和精度，并尽量提高系统的响应速度。

知识模块二　工业控制计算机

由于工业控制计算机的应用对象及使用环境的特殊性，故决定了工业控制计算机主要有以下一些特点和要求。

（1）实时性。

实时性是指计算机控制系统能在限定的时间内对外来事件做出反应的能力。为满足实时控制要求，通常既要求从信息采集到生产设备受到控制作用的时间尽可能短，又要求系统能实时监视现场的各种工艺参数，并进行在线修正，对紧急事故能及时进行处理。因此，工业控制计算机应具有较完善的中断处理系统以及快速信号通道。

（2）高可靠性。

工业控制计算机通常控制着工业过程的运行，如果其质量不高，运行时发生故障，又没有相应的冗余措施，则轻者使生产停顿，重者可能产生灾难性的后果。很多生产过程是日夜不停地连续运转，因此要求与这些过程相连的工业控制机也必须无故障地连续运行，实现对生产过程的正确控制。另外，许多用于工业现场的工业控制计算机，因环境恶劣，振动、冲击、噪声、高频辐射及电磁波，故受到的干扰十分严重。以上这一切都要求工业控制计算机具有高质量和很强的抗干扰能力，并且具有较长的平均无故障间隔时间。

（3）硬件配置的可装配可扩充性。

工业控制计算机的使用场合千差万别，系统性能、容量要求、处理速度等都不一样，特别是与现场相连接的外围设备的接口种类、数量等差别更大，因此宜采用模块化设计方法。

（4）可维护性。

学习笔记

工业控制计算机应有很好的可维护性，这要求系统的结构设计合理，便于维修，系统使用的板级产品一致性好，更换模板后系统的运行状态和精度不受影响；软件和硬件的诊断功能强，在系统出现故障时能快速准确地定位。另外，模块化模板上的信号应加上隔离措施，保证发生故障时故障不会扩散，这也可使故障定位变得容易。

在进行计算机控制系统的设计时，应根据机电一体化系统（或产品）中的信息处理量、应用环境、市场状况及操作者特点，经济合理地优选工业控制计算机产品。

一、可编程控制器

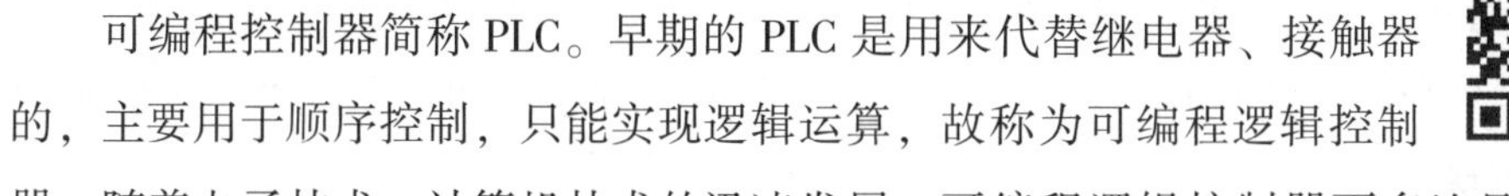

可编程控制器简称PLC。早期的PLC是用来代替继电器、接触器的，主要用于顺序控制，只能实现逻辑运算，故称为可编程逻辑控制器。随着电子技术、计算机技术的迅速发展，可编程逻辑控制器更多地具有了计算机的功能，不仅用逻辑编程取代了硬连线逻辑，还增加了运算、数据传送和处理等功能。其功能远远超出了顺序控制的范围，故称为可编程控制器，简称PC（Programmable Controller），但由于PC很容易和个人计算机（Personal Computer，PC）混淆，故仍沿用PLC作为可编程控制器的缩写。

1. 可编程控制器的特点

从20世纪60年代末第一台可编程控制器诞生到现在，短短几十年内，可编程控制器获得了突飞猛进的发展，它较好地解决了工业控制领域中普遍关心的可靠、安全、灵活、方便、经济等问题。其主要特点如下：

1）可靠性高，抗干扰能力强

高可靠性是电气设备的关键指标之一。PLC由于采用现代大规模集成电路技术和严格的生产制造工艺，在电路内部采用先进的抗干扰技术，大量开关动作由无触点半导体电路来完成，加上PLC充分考虑了工业生产环境电磁、粉尘、温度等各种干扰，在硬件和软件上采取了一系列抗干扰措施，使PLC有极高的可靠性。据有关资料显示，某些品种的PLC平均无故障时间达到几十万小时。

2）编程简单，操作方便

大多数PLC采用与继电器电路相似的梯形图编程方式，编程指令不多，直观易懂，深受工程技术人员的欢迎。

PLC编程器大多采用个人计算机或手持式编程器两种形式。手持式编程器有键盘和显示功能，通过电缆线与PLC相连，具有体积小、质量轻、便于携带、易于现场调

学习笔记

试等优点。用户也可以用计算机对 PLC 编程，进行系统仿真调试，监控运行。近年来，各生产厂家开发了适用于计算机使用的编程软件，使程序组织等工作更加方便。

3）系统设计、安装、调试工作量小，维护方便，改造容易

PLC 用存储逻辑代替接线逻辑，大大减少了控制设备的外部接线，使控制系统设计、安装及调试周期大大缩短，同时维护也变得很方便。

4）体积小、质量轻、能耗低、易于实现机电一体化

PLC 常采用箱式结构，体积、质量相对都较小，易于安装在控制箱中。PLC 的控制系统功能强大，调速、定位功能都可以通过电气方式完成，可以大大减少机械结构设计，有利于实现机电一体化。

5）配套齐全，功能完善，模块化结构，适应性强，应用灵活

PLC 发展到今天，已经形成了大、中、小各种规模的系列化产品，可用于各种规模的工业控制场合。

除了单元式的小型 PLC 以外，绝大多数 PLC 均采用模块化结构，PLC 的各个部件，包括 CPU、电源、I/O 等均采用模块化设计，由机架及电缆将各模块连接起来，系统的规模和功能可根据用户的需要自行组合。

2. 可编程控制器的应用

PLC 在工业自动化领域中起着举足轻重的作用，在国内外已广泛应用于机械、冶金、石油、化工、轻工、纺织、电力、电子、食品、交通等行业。目前 PLC 的用途大致可以归纳为以下几个方面。

1）顺序控制，即开关量逻辑控制

这是 PLC 最基本、最广泛的应用领域。可编程控制器具有“与”“或”“非”等逻辑指令，可以实现触点和电路的串、并联，取代传统的继电器电路，实现逻辑控制、顺序控制，可用于单机控制、多机群控和自动化生产线的控制等。

2）运动控制

现在 PLC 都有专用的运动控制模块，可实现控制电动机转速、控制步进电动机或伺服电动机单轴或多轴位置等，使得 PLC 可以应用于各种机械、机床、机器人、电梯等场合。

3）过程控制

过程控制指连续生产场合的控制，例如石油、化工等生产场合，生产过程一般不能间断。在这些场合，被控量可概括为温度、压力、速度、流量等。PLC 通过模数转换装置——PID（Proportional - Integral - Derivative）模块进行单回路或多回路闭环调节

控制，使这些被控量保持在设定值上。

4）数据处理

现代的 PLC 具有数学运算（包括逻辑运算、函数运算、矩阵运算等）、数据传送、转换、排序、检索等功能，可完成数据的采集、分析和处理任务。

5）通信和连网

利用 PLC 的网络通信模块及远程 I/O 控制模块可以实现多台 PLC 之间的通信、PLC 与其他控制设备（如计算机、变频器、数控装置）之间的通信。

3. 可编程控制器的性能指标

PLC 的性能指标是在进行 PLC 控制系统设计时选择 PLC 产品的重要依据，基本技术指标包括存储器容量、扫描速度、I/O 点数、指令条数等。

1）存储器容量

PLC 的存储器包括系统程序存储器和用户程序存储器。存储器容量是指用户程序存储器的容量。用户程序存储器的容量决定了 PLC 可以容纳用户程序的长短，一般以字节（B）为单位来计算，1 024 个字为 1 K 字（1 KB = 1 024 B），中、小型 PLC 的存储容量一般在 8 K 以下，大型 PLC 的存储容量可达到 256 K ~ 2 M。也有的 PLC 用存放用户程序的指令条数来表示容量。一般情况下，PLC 系统的控制规模越大，其内存容量也越大，此时用户可编制各种大容量且较为复杂的控制程序。

2）扫描速度

扫描速度反映了 PLC 运行速度的快慢。扫描速度快，意味着 PLC 可运行较为复杂的控制程序，并有可能扩大控制规模和控制功能。因此扫描速度是 PLC 的一项重要性能指标。扫描速度一般以执行 1 000 步指令所需的时间来衡量，故单位为“毫秒/千步”；有时也以执行一步指令的时间计算，如“微秒/步”“纳秒/步”。一般大型 PLC 的扫描速度较快，原因是其采用多个高性能 CPU 并行工作的方式运行。

3）I/O 点数

I/O 点数（输入/输出点数）是指 PLC 外部输入、输出端子的总数。I/O 点数越多，控制规模就越大，这是 PLC 最重要的一项性能指标。一般按 I/O 点数的多少来区分机型的大小。

4）指令条数

PLC 的指令条数是衡量其软件功能强弱的主要指标。PLC 具有的指令条数越多，指令种类越丰富，说明其软件功能越强，使用这些指令完成一定的控制目的就越容易。

此外，PLC 的可扩展性、组网和通信能力、使用条件、经济性、易操作性等性能

学习笔记

学习笔记

指标也是用户在选择 PLC 时要注意的指标。

4. PLC 控制系统的设计

在进行 PLC 控制系统设计时，应遵循以下原则：

（1）最大限度地满足控制要求。充分发挥 PLC 功能，最大限度地满足被控对象的控制要求，是设计中最重要的一条原则。设计人员要深入现场进行调查研究，收集资料。同时要注意与现场工程管理和技术人员及操作人员紧密配合，弄清控制要求，共同拟订电气控制方案，协商解决重点问题和疑难问题。

（2）保证系统的安全可靠。保证 PLC 控制系统能够长期安全、可靠、稳定运行，是设计控制系统的重要原则。

（3）力求简单、经济、使用与维修方便。在满足控制要求的前提下，一方面要注意不断地扩大工程的效益，另一方面也要注意不断地降低工程的成本，不宜盲目追求自动化和高指标。

（4）适应发展的需要。考虑到生产的发展和工艺的改进，在选择控制系统设备时，设备的能力应适当留有裕量。如在选择 PLC 容量时，应适当留有余量。

PLC 控制系统设计的一般步骤如下：

（1）根据生产的工艺过程分析控制要求。了解各种机械、液压、气动、仪表、电气系统之间的关系，系统工作方式（如自动、半自动、手动等），PLC 与系统中其他智能装置之间的关系，人机界面的种类，通信连网的方式，报警的种类与范围，电源停电及紧急情况的处理等。

（2）根据控制要求确定所需要的用户输入/输出设备，并据此确定 PLC 的 I/O 点数。根据系统的控制要求，确定系统所需的全部输入设备（如按钮、位置开关、转换开关及各种传感器等）和输出设备（如接触器、电磁阀、信号指示灯及其他执行器等），从而确定与 PLC 有关的输入/输出设备，以确定 PLC 的 I/O 点数。

（3）选择 PLC。包括 PLC 的机型、容量、I/O 模块、电源的选择。

（4）分配 PLC 的 I/O 点数，设计 I/O 连接图。画出 PLC 的 I/O 点与输入/输出设备的连接图或对应关系表，可结合第 2 步进行。

（5）PLC 的程序设计。程序设计的内容包括设计控制程序，初始化程序，检测、故障诊断和显示等程序，保护和联锁程序。

（6）如果必要的话，需设计控制柜、操作台等。

（7）联机调试。

联机调试是将通过模拟调试的程序进一步进行在线统调。联机调试过程应循序渐进，从 PLC 只连接输入设备，再连接输出设备，然后接上实际负载等逐步进行调试。如不符合要求，则对硬件和程序做调整。通常只需修改部分程序即可。全部调试完毕后，交付试运行。经过一段时间运行，如果工作正常、程序不需要修改，则应将程序固化到 EPROM 中，以防程序丢失。

（8）整理和编写技术文件。

技术文件包括设计说明书、硬件原理图、安装接线图、电气元件明细表、PLC 程序以及使用说明书等。

二、单片机

单片机属于微型计算机的一种，是把微型计算机中的微处理器、存储器、I/O 接口、定时器/计数器、串行接口、中断系统等电路集成在一块集成电路芯片上形成的微型计算机，因而被称为单片微型计算机，简称为单片机。

单片机的应用领域十分广泛，如工业自动化、智能仪器仪表、家用电器、信息和通信产品、军事装备等。

1. 单片机的特点

1）高集成度，体积小，高可靠性

单片机将各功能部件集成在一块晶体芯片上，集成度很高，体积自然也是最小的。芯片本身是按工业测控环境要求设计的，内部布线很短，其抗工业噪声性能优于一般通用的 CPU。

2）控制功能强

为了满足对对象的控制要求，单片机的指令系统均有极丰富的条件、分支转移能力，I/O 口的逻辑操作及位处理能力，非常适用于专门的控制功能。

3）低电压，低功耗，便于生产便携式产品

为了满足广泛使用于便携式系统，许多单片机内的工作电压仅为 1.8～3.6 V，而工作电流仅为数百微安。

4）易扩展

片内具有计算机正常运行所必需的部件。芯片外部有许多供扩展用的三总线及并行、串行输入/输出引脚，很容易构成各种规模的单片机应用系统。

5）性价比高

2. 单片机控制系统设计

单片机控制系统的基本设计内容包括方案设计、硬件设计、软件设计和系统调试，

学习笔记

学习笔记

具体内容如下：

1）方案设计

在选择单片机机型和器件时应遵循的原则有：性能特点要适合所要完成的任务，避免过多的功能闲置；性价比要高，以提高整个系统的性价比；结构原理要熟悉，以缩短开发周期；货源要稳定，有利于批量的增加和系统的维护。

系统的硬件和软件要作统一的考虑，在做方案设计时就应划分硬件与软件的功能。因为一种功能既可以由硬件实现，又可以由软件实现，要根据系统的实时性和系统的性能价格比进行综合确定。

2）硬件设计

硬件设计的内容包括单片机电路设计，主要完成时钟电路、复位电路、供电电路、I/O 电路的设计；扩展电路设计，主要完成程序存储器、数据存储器、I/O 接口电路的设计；输入/输出通道设计，主要完成传感器电路、放大电路、多路开关、A/D 转换电路、D/A 转换电路、开关量接口电路、驱动及执行机构的设计；控制面板设计，主要完成按键、开关、显示器、报警等电路的设计。

在进行硬件设计时，要尽可能地充分利用单片机的片内资源，使所设计的电路向标准化、模块化方向靠拢。硬件设计结束后，要绘制硬件电路原理图和编写硬件设计的说明书。

3）软件设计

软件设计时要结合硬件组成，明确软件应完成的功能，再进行软件结构设计，划分软件模块，明确各个模块的功能，详细地画出各模块的流程图，然后进行主程序设计和各模块程序设计，最后连接起来得到完整的应用程序。完成软件设计后，还应编写详细的软件设计说明书。

4）系统调试

将硬件和软件相结合，分模块进行调试，修正和完善原始方案。最后进行整个系统的调试，以达到控制系统的要求。调试完成后将应用程序固化在单片机的程序存储器中。

三、总线式工业控制计算机

总线式工业控制计算机简称总线工控机，是目前工业领域应用相当广泛的工业控制计算机。

所谓总线就是一组信号线的集合，它定义了引线的信号、电气、机械特性，使计算机内部各组成部分之间以及不同的计算机之间建立信号联系，进行信号传送即通信。

通常传递三种信号：地址、数据和控制信号。工控机早期使用的总线是 STD 总线，目前常用的总线有 PCI 总线、ISA 总线等。

学习笔记

总线规范一般包含以下基本内容。

（1）机械结构规范：确定模块尺寸、总线插头、边沿连接器插座等规格及位置。

（2）性能规范：确定总线每根线（引脚）的信号名称与功能，对它们相互作用的协议（如定时关系）进行说明。

（3）电气规范：规定总线每根信号线工作时的有效电平、动态转换时间、负载能力、各电气性能的额定值及最大值。

总线式工控机采用标准并行底板总线，其特点是能以简单的硬件支持高速的数据传送和处理，且使系统具有标准化、模块化、组合化的开放式结构，能适应各种不同的控制对象。总线式工控机系统的优势在于构成总线式工控机系统的硬件都是模块化的，便于维护和升级扩充，也便于用户开发自己所需要的功能板卡。

图 5－2 所示为工控机控制系统，系统组成主要有以下几部分。

（1）工控机主机：包括机箱、电源、无源底板、CPU 卡、显示器、磁盘驱动器、键盘、鼠标等；

（2）输入接口板卡：包括模拟量输入板卡、开关量输入板卡等；

（3）输出接口板卡：包括模拟量输出板卡、开关量输出板卡等；

（4）通信接口模块：包括串行通信接口模块（RS－232、RS－422、RS－485 等）、网络通信模块（如以太网模块、光纤模块、无线调制解调器模块等）等；

（5）信号调理模块：完成对工业现场各种输入信号的预处理，对输入/输出信号进行隔离、驱动，还能完成信号的转换等；

（6）远程数据采集模块：可以直接安装在工业现场，能够通过多通道 I/O 模块进行数据采集和过程监控，可以将现场信号通过现场总线与工控机进行通信；

（7）工控软件包：支持数据采集、监视、控制、报警、画面显示、通信等功能，目前大部分控制软件以 Windows 操作系统为平台，也有以实时多任务操作系统为平台的，可根据实际需要选择。

知识模块三　计算机接口技术

计算机控制系统的硬件，除主机外，通常还包括两类外围设备，一类是常规外围设备，如键盘、CRT 显示器、打印机、磁盘机等；另一类是被控设备和检测仪表、显示装置、操作台等。外围设备种类繁多，有机械式、机电式和电子式；有的作为输入

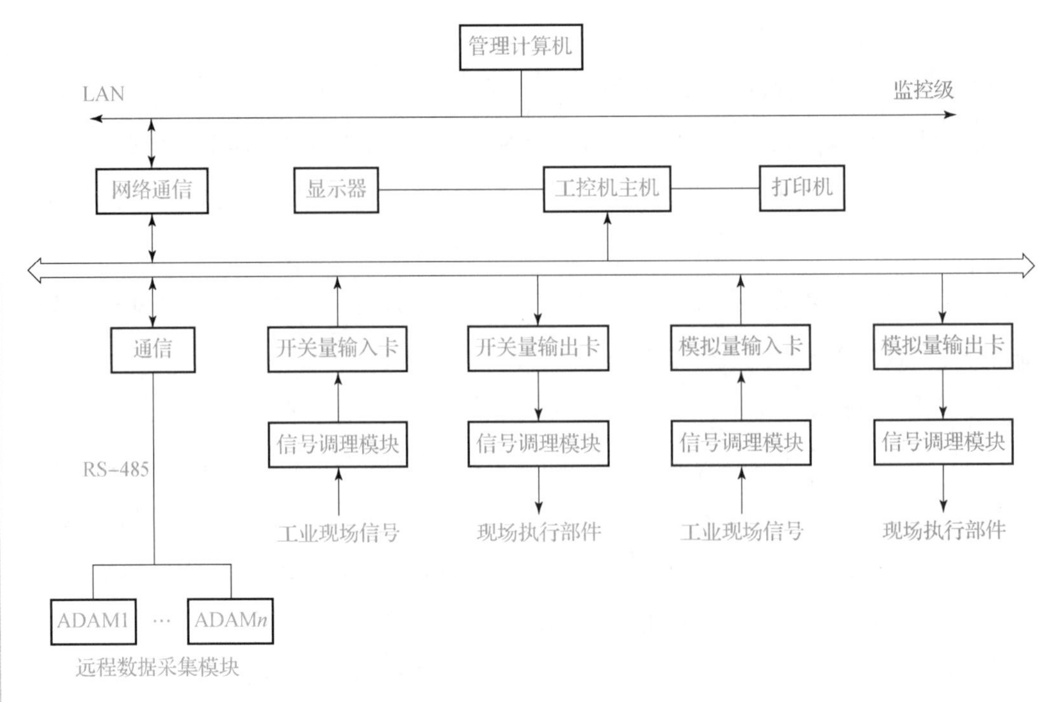

图 5-2　工控机控制系统组成框图

设备、有的作为输出设备；工作速度不一，外围设备的工作速度通常比 CPU 的速度低得多，且不同外围设备的工作速度又差别很大；信息类型和传送方式不同，有的使用数字量，有的使用模拟量，有的要求并行传送信息，有的要求串行传送信息。因此，仅靠 CPU 及其总线是无法承担上述工作的，必须增加 I/O 接口完成外围设备与 CPU 的总线相连。接口是计算机控制系统不可缺少的组成部分。

所谓接口（Interface）是指微处理器 CPU 与外部设备、存储器或者两种外部设备之间通过系统总线进行连接的逻辑电路，它是 CPU 与外界进行信息交换的中转站。

一个简单的、基本的外设接口框图如图 5-3 所示。接口通过三总线（DB 数据总线、AB 地址总线、CB 控制总线）与 CPU 连接，外设通过接口与 CPU 连接。

与 CPU 进行数据信息、控制信息和状态信息的交换。

一、接口传输信号的种类

在微机控制系统或微机系统中，主机和外围设备间所交换的信息通常分为数据信息、状态信息和控制信息三类，如图 5-3 所示。

1. 数据信息

数据信息是主机和外围设备交换的基本信息，通常是 8 或 16 位的数据，它可以用

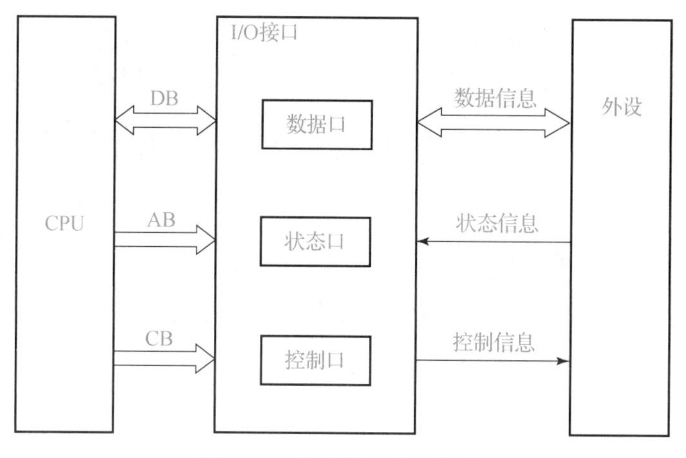

图 5-3　外设接口简单框图

并行格式传送，也可以用串行格式传送。数据信息又可以分为数字量、模拟量、开关量和脉冲量。

数字量是指由键盘、磁盘机、拨码开关、编码器等输入的信息，或者是主机送给打印机、磁盘机、显示器、被控对象等的输出信息。它们是二进制码的数据或是以 ASCII 码表示的数据或字符（通常为 8 位的）。

模拟量是来自现场的温度、压力、流量、速度、位移等物理量，也是一类数据信息。一般通过传感器将这些物理量转换成电压或电流，电压和电流仍然是连续变化的模拟量，要经过 A/D 转换变成数字量，最后送入计算机；反之，从计算机送出的数字量要经过 D/A 转换，变成模拟量，最后控制执行机构。所以模拟量表示的数据信息都必须经过变换才能实现交换。

开关量表示两个状态，如开关的闭合和断开、电动机的启动和停止、阀门的打开和关闭等。这样的量只要用一位二进制数就可以表示。

脉冲量是一个一个传送的脉冲列，脉冲的频率和脉冲的个数可以表示某种物理量。如检测装在电动机轴上的脉冲信号发生器发出的脉冲，可以获得电动机的转速和角位移数据信息。

2. 状态信息

状态信息是外围设备通过接口向 CPU 提供的反映外围设备所处的工作状态的信息，它作为两者交换信息的联络信号。输入时，CPU 读取准备好（READY）状态信息，检查待输入的数据是否准备就绪，若准备就绪，则读入数据，未准备就绪就等待；输出时，CPU 读取忙（BUSY）状态信息，检查输出设备是否已处于空闲状态，若为闲状态则可向外围设备发送新的数据，否则等待。

学习笔记

3. 控制信息

控制信息是 CPU 通过接口传送给外围设备的。控制信息随外围设备的不同而不同，有的控制外围设备的启动、停止；有的控制数据流向，控制输入还是输出；有的作为端口寻址信号等。

二、数据传送的控制方式

在计算机的操作中最基本和最频繁的操作是数据传送，在微机系统中，数据主要在 CPU、内存和 I/O 接口之间传送。外围设备种类繁多，它们的功能不同，工作速度不一，与主机配合的要求也不相同。CPU 采用分时控制，每个外围设备只在规定的时间片内得到服务。为了使各个外围设备在 CPU 控制下成为一个有机的整体，协调、高效率、可靠地工作，就要规定一个 CPU 控制（或称调度）各个外围设备的控制策略，或者叫作数据传送的控制方式。

通常采用的有三种控制方式：程序控制方式、中断控制方式和直接存储器存取（DMA）方式。在进行微机控制系统设计时，可按不同要求来选择各外围设备的控制方式。

1. 程序控制方式

程序控制 I/O 方式，是指 CPU 和外围设备之间的信息传送，是在程序控制下进行的。它又可分为无条件传送方式和查询传送方式。

1）无条件传送方式

所谓无条件传送方式是指 CPU 不必查询外围设备的状态即可进行信息的传送，即在此种方式下，外围设备总是处于就绪状态，如开关、LED 显示器等。一般它仅适用于一些简单外围设备的操作。

无条件传送方式的工作原理如图 5-4 所示。CPU 和外围设备之间的接口电路通常采用输入缓冲器和输出锁存器，由地址总线和 $M/\overline{IO}$ 信号端经地址译码器译出所选中的 I/O 端口，用 $\overline{WR}$、$\overline{RD}$ 信号决定数据流向。

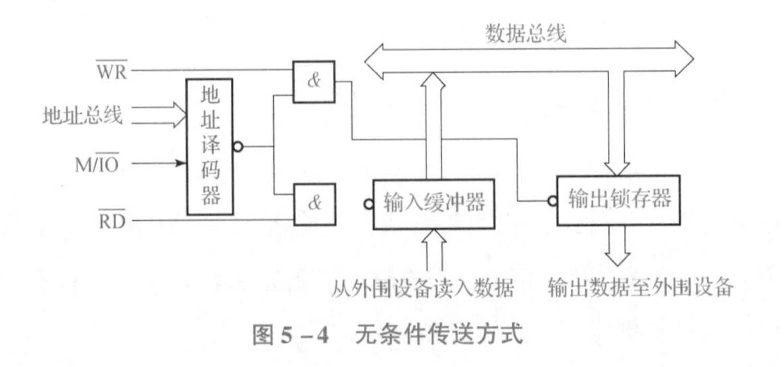

图 5-4 无条件传送方式

外围设备提供的数据自输入缓冲器接入。当 CPU 执行输入指令时，读信号$\overline{RD}$有效，选择信号 M/$\overline{IO}$处于低电平，因而按端口地址译码器所选中的三态输入缓冲器被选通，使已准备好的输入数据经过数据总线读入 CPU。CPU 向外设输出数据时，由于外设的速度通常比 CPU 的速度慢得多，因此输出端口需要加锁存器，CPU 可快速地将数据送入锁存器锁存，然后去处理别的任务，在锁存器锁存的数据可供较慢速的外围设备使用，这样既提高了 CPU 的工作效率，又能与较慢速外围设备的动作相适应。CPU 执行输出指令时，M/$\overline{IO}$和$\overline{WR}$信号有效，CPU 输出的数据送入按地址译码器所选中的输出锁存器中保存，直到该数据被外围设备取去，CPU 又可送入新的一组数据，显然第二次存入数据时，需确定该输出锁存器是空的。

2）查询传送方式

查询式 I/O 方式，也称为条件传送方式。按查询传送式，CPU 和外围设备的 I/O 接口除需设置数据端口外，还要有状态端口。查询式 I/O 接口电路原理框图如图 5－5 所示。

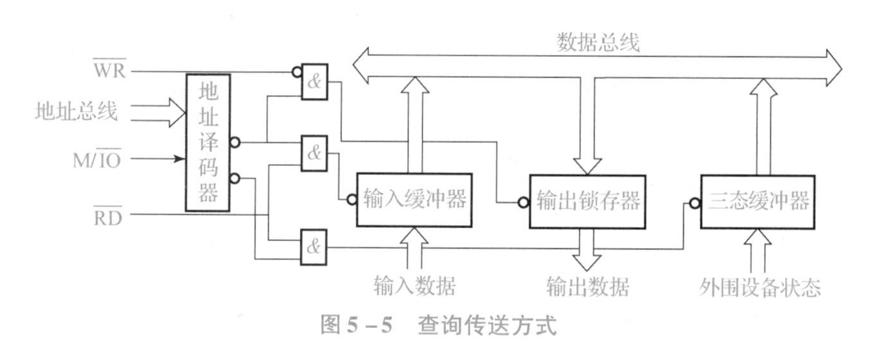

图 5－5　查询传送方式

状态端口的指定位表明外围设备的状态，通常只是“0”或“1”的两状态开关量。交换信息时，CPU 通过执行程序不断读取并测试外围设备的状态，如果外围设备处于准备好的状态（输入时）或者空闲状态（输出时），则 CPU 执行输入指令或输出指令，与外围设备交换信息，否则，CPU 要等待。当一个微机系统中有多个外围设备采用查询传送方式交换信息时，CPU 应采用分时控制方式，逐一查询，逐一服务，其工作原理如下：每个外围设备提供一个或多个状态信息，CPU 逐次读入并测试各个外围设备的状态信息，若该外围设备请求服务（请求交换信息），则为之服务，然后清除该状态信息；否则，跳过，查询下一个外围设备的状态。各外围设备查询完一遍后，再返回从头查起，直到发出停止命令为止。

从原理上看，查询传送式比无条件传送方式可靠，接口电路简单，不占用中断输入线，同时查询程序也简单，易于设计调试。由于查询传送方式是通过 CPU 执行程序来完成的，因此各外设的工作与程序的执行保持同步关系，特别适用于多个按一定规

学习笔记

律顺序工作的生产机械或生产过程的控制，如组合机床、自动线、温度巡检、定时采集数据等。

但是在查询式 I/O 方式下，CPU 要不断地读取状态字和检测状态字，不管那个外围设备是否有服务请求，都必须一一查询，许多次的重复查询可能都是无用的，且又占去了 CPU 的时间，效率较低。

数据传送方式的选择必须满足实时控制的要求。对于查询传送方式，满足实时控制要求的使用条件是："所有外围设备服务时间的总和必须小于或等于任一外围设备的最短响应时间。"

这里所说的服务时间是指某台外围设备服务子程序的执行时间，最短响应时间是指某台设备相邻两次请求服务的最短间隔时间。某台设备提出服务请求后，CPU 必须在其最短响应时间内响应它的请求，给予服务，否则就会丢失信息，甚至造成控制失误。最严重的情况是，在一个循环查询周期内，所有外围设备（指一个 CPU 管理的）都提出了服务请求，均需分别给予服务，因此，就提出了上述必须满足的使用条件。

这种方式一般适用于各外围设备服务时间不太长、最短响应时间差别不大的情况。若各外围设备的最短响应时间差别大且某些外围设备服务时间长，采用这种方式不能满足实时控制要求，就要采用中断控制方式。

2. 中断控制方式

为了提高 CPU 的效率和使系统具有良好的实时性，可以采用中断控制方式。采用中断方式 CPU 就不必花费大量时间去查询各外围设备的状态，而是当外围设备需要请求服务时，向 CPU 发出中断请求，CPU 响应外围设备中断，停止执行当前程序，转去执行一个外围设备服务的程序，此服务程序称为中断服务处理程序，或称中断服务子程序。中断处理完毕，CPU 又返回来执行原来的程序。

微机控制系统中，可能设计有多个中断源，且多个中断源可能同时提出中断请求。多重中断处理必须注意以下四个问题。

1）保存现场和恢复现场

为了不致造成计算与控制的混乱和失误，进入中断服务程序首先要保存通用寄存器的内容，中断返回前又要恢复通用寄存器的内容。

2）正确判断中断源

CPU 能正确判断出是哪一个外围设备提出中断请求，并转去为该外围设备服务，即能正确地找到申请中断的外围设备的中断服务程序入口地址，并跳转到该入口。

3）实时响应

实时响应就是要保证每个外围设备的每次中断请求，CPU 都能接收到并在其最短响应时间之内给予服务完毕。

4）按优先权顺序处理

多个外围设备同时或相继提出中断请求时，应能按设定的优先权顺序，按轻重缓急逐个处理，必要时应能实现优先权高的中断源可中断比其优先权较低的中断源，从而实现中断嵌套处理。

3. 直接存储器存取（DMA）方式

利用中断方式进行数据传送，可以大大提高 CPU 的利用率，但在中断方式下，仍必须通过 CPU 执行程序来完成数据传送，每进行一次数据传送，就要执行一次中断过程，其中保护和恢复断点、保护和恢复寄存器内容的操作与数据传送没有直接关系，但会花费 CPU 的不少时间。当高速外围设备与计算机系统进行信息交换时，若采用中断方式，将会出现 CPU 频繁响应中断而不能有效地完成主要工作或者根本来不及响应中断而造成数据丢失的现象。采用直接存储器存取（Direct Memory Access，DMA）传送方式可以确保外围设备与计算机系统进行高速信息交换。DMA 传送的基本原理如图 5-6 所示。

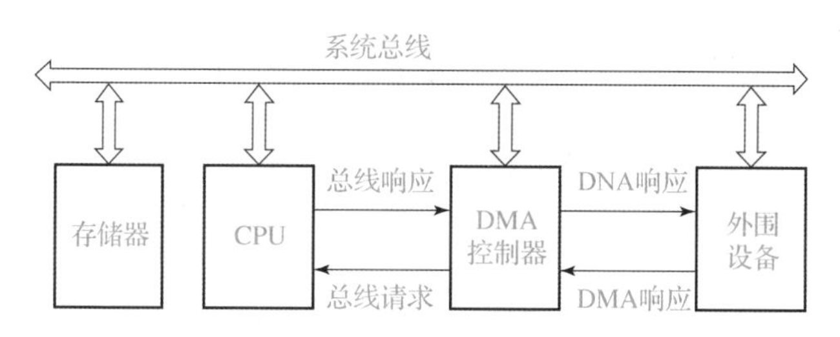

图 5-6　DMA 数据传送方式

DMA 传送的工作过程如下：

（1）外围设备向 DMA 控制器提出 DMA 申请；

（2）DMA 控制器接受外围设备的 DMA 请求，向 CPU 发出接管总线控制权的总线请求；

（3）CPU 在当前的总线周期结束后，响应 DMA 请求，并把总线控制权交给 DMA 控制器；

（4）DMA 控制器向外围设备发出 DMA 应答信号，开始进入 DMA 传输；

（5）DMA 控制器按传输数据的长度直接控制外围设备与存储器进行数据交换；

（6）数据传送操作结束，DMA 控制器撤销向 CPU 发出的总线请求信号，并把总线

学习笔记

学习笔记

控制权交给 CPU；

(7) CPU 恢复对系统总线的控制，即恢复由 CPU 来发出地址信号、控制信号和数据，并且从被总线请求打断的程序处继续执行程序。

步骤一　查阅相关资料

以小组（5~8 人为宜）为单位，查阅相关资料或网络资源，学习控制系统的相关知识。

步骤二　观看视频演示

观看连续型多臂机器人视频演示，加深对连续型多臂机器人的认识。

参观实训基地。

步骤三　设计连续型多臂机器人的控制系统方案

小组间进行交流与学习，梳理知识内容，设计连续型多臂机器人的控制系统方案。

连续型多臂机器人控制系统设计方案

控制系统是机器人系统的重要组成部分，其主要作用是对机器人各驱动元器件进行实时控制，实现机器人各驱动组件之间的协调运作，从而使得各部分组件共同完成同一工作。应用于空间抓捕的连续型多臂机器人在对目标进行捕获的过程中，需要具备高的可靠性、操作实时性等特点，因此需要连续型多臂机器人具有较好的协同操作特性，并且能够对每条操作臂进行实时控制。

连续型多臂机器人的总体控制系统示意如图 5-7 所示。该控制系统由操作人员将 PC 上位机软件中编写的程序烧写到硬件电路板，其中 PC 上位机软件与下位机硬件电路板之间利用 USB 转串口通信的方式实现上、下位机的双向通信，即上位机可以向下位机电路板发送指令信息，同时可以读取下位机电路板反馈的机器人运动状态信息，如电机编码器、拉力传感器等读数，判断机器人运行是否正常；而遥控器则是通过红外通信的方式实现对下位机电路板的单向通信，即由操作者利用遥控器对下位机电路板单向发送指令信息，实现对机器人的电机调试及机器人的轨迹指令。

一、控制系统硬件方案设计

机器人控制系统的硬件是指控制系统中的电子元器件与设备，一般为控制芯片、外围电路、电源、显示屏、指示灯与蜂鸣器等电子元器件。控制系统的硬件是实现机

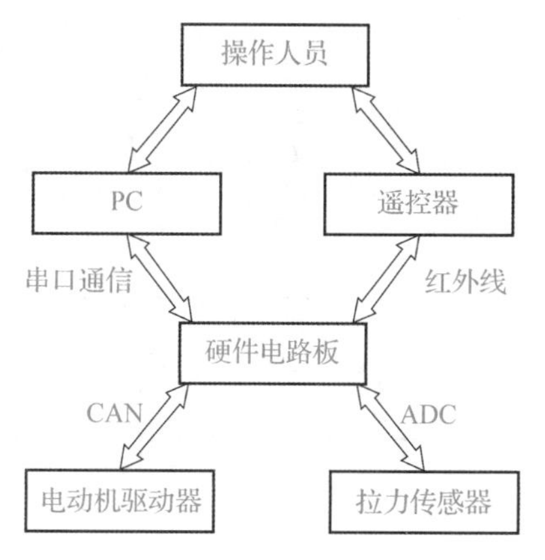

图 5 –7　连续型多臂机器人总体控制示意

学习笔记

器人运动控制的载体，应首先对机器人系统的硬件系统进行设计。该机器人系统共有33 个驱动电机，驱动电机的数量较多，为了控制的简便性与可靠性，采用串行通信的方式对电动机进行控制。串行通信就是将所有驱动电机连接在一条控制总线上，在进行通信时将控制指令逐位依次传输发送至电动机驱动器。串行通信速率较低，而该机器人系统对运动速度要求较低，故串行通信可以满足控制需求。

CAN 通信是目前应用最广泛的现场总线方式之一，这种通信方式具有实时性强、成本低廉等优点，并且可以满足双向实时通信的要求，得到广泛的应用。故该机器人控制系统采用 CAN 通信实现对驱动电机的控制。

在对下位机嵌入式硬件电路进行设计时，首先根据控制需求选择嵌入式硬件电路所需的芯片。ARM 公司的 stm32 芯片具有较多外围设备接口，该芯片结构简单，易于操作，集成度高，功耗低，且成本低廉，在工业上获得较为广泛的应用，故采用此芯片作为机器人控制系统嵌入式下位机硬件电路的主控芯片。采用的芯片型号为STM32F407ZGT6，该芯片包含较多的定时器、串口、IO 口等外围设备接口，能够满足复杂的控制功能需求与较高的实时通信速率。该主控芯片通过 ADC 模块将拉力传感器采集的电压模拟量转换为拉力值的数字信号，通过 CAN 通信实现电动机驱动器的数据发送与采集，通过 USB 串口与上位机进行数据交换。按照功能将控制系统分为若干个模块，各功能模块示意如图 5 –8 所示。

二、控制系统软件设计

控制系统软件的功能是将运动控制算法所规划的机器人运动轨迹点转换为机器人驱动元件的控制量，保证每个驱动元件实现精确的运动量，从而实现机器人末端执行模块的期望运动轨迹，最终完成期望任务。

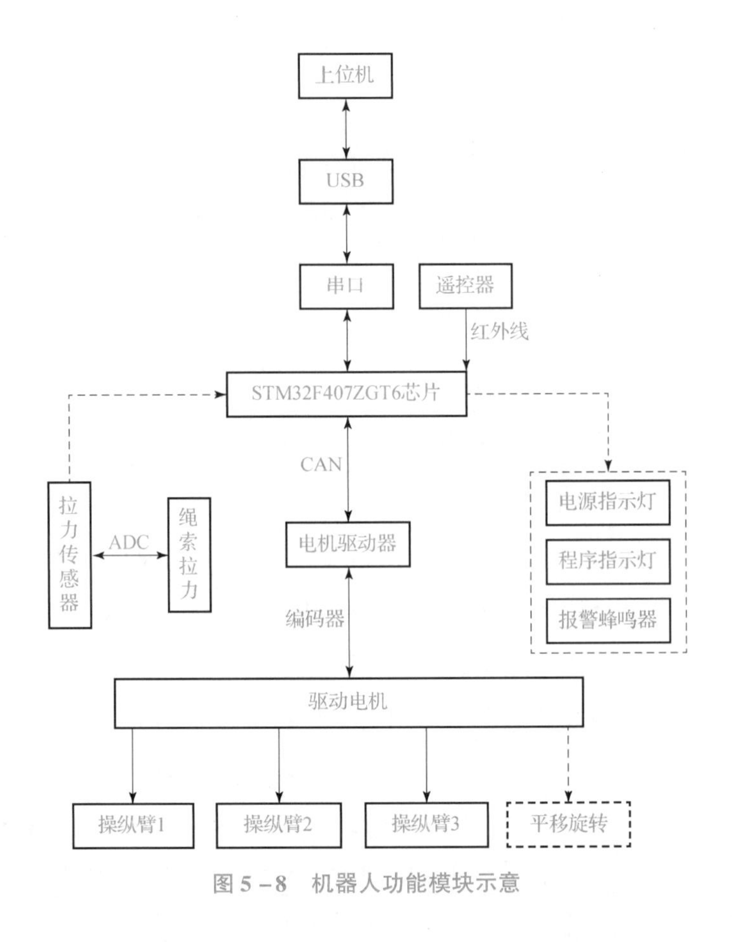

图 5－8　机器人功能模块示意

控制系统的下位机软件主要是将上位机软件发送的离散数据信息进行插值计算，并将其发送给电动机驱动器实现对电动机的控制，其主要包括遥控任务、串口通信任务、电动机驱动任务和传感器采集任务等。遥控操作任务是操作人员对机器人进行控制的重要环节，其任务内容是通过遥控器对下位机软件发送操作指令，使机器人执行下位机软件中相应的任务。电动机驱动任务主要是将上位机发送的离散轨迹点所对应的电动机转角进行插值计算，通过三次样条插值得到连续平滑的电动机转角曲线，进而将这些电动机转角通过硬件电路发送给电动机驱动器实现对电动机的控制，使得电动机连续平稳的旋转，从而实现对操作臂稳定的控制。除此之外，下位机软件还需要通过 ADC 转换模块，将拉力传感器采集的电压量转换至拉力值，实时监测驱动绳索的拉力大小，通过驱动绳索的松紧程度判断操作臂的运动是否正常。

下位机软件的整体程序框图如图 5－9 所示，在机器人执行任务时，首先需要利用上位机或者遥控操作对下位机软件发送指令进行系统初始化操作，包括电路板资源、控制任务、传感器采集任务和显示任务等进行初始化。初始化任务完成后，下位机软件对电动机控制量进行读取与插值计算，然后通过 CAN 总线将电动机控制量发送给电动机驱动器，同时将电动机编码器反馈的实际位置通过 CAN 总线反馈至下位机软件，对期望位置与实际位置进行对比，判断电动机是否达到期望位置，若实际位置不满足要求，则进行故障提醒及清除。在电动机实际位置正确的前提下，判断电动机轨迹是否运行完毕，直到所有轨迹正确运行完成，则该任务完成，本次任务结束。

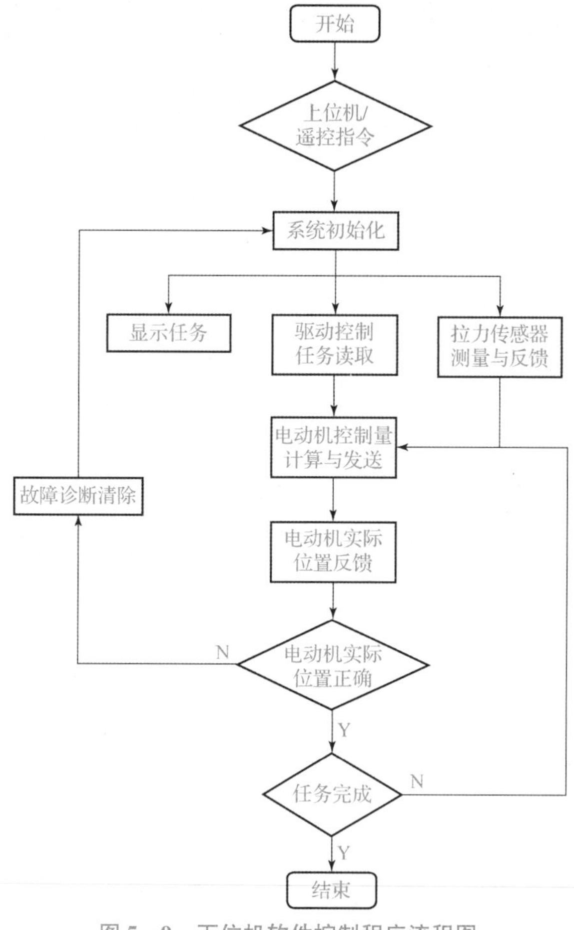

图 5－9　下位机软件控制程序流程图

学习笔记

任务评价

评价项目	评价内容	分值/分	自评 20%	互评 20%	师评 60%	合计
职业素养 50 分	劳动纪律，职业道德	10				
	积极参加任务活动，按时完成工作任务	10				
	团队合作，交流沟通能力，能合理处理合作中的问题和冲突	10				

学习笔记

续表

评价项目	评价内容	分值/分	自评 20%	互评 20%	师评 60%	合计
职业素养 50 分	爱岗敬业，安全意识，责任意识，服从意识	10				
	能用专业的语言正确、流利地展示成果	10				
专业能力 50 分	专业资料检索能力	10				
	了解控制系统的组成及分类	10				
	了解工业控制计算机的特点及应用	10				
	了解计算机接口技术	10				
	掌握简单的控制系统的设计	10				
创新能力 加分 20	创新性思维和行动	20				
总计		120				
教师签名：		学生签名：				

学习笔记

项目六　了解典型机电一体化产品

无论是在生活中，还是在现代化的工业生产领域，机电一体化产品正越来越多地应用其中。工厂中忙碌工作的工业机器人，家庭中的打印机、洗衣机，都在为人们的工作和生活提供着便利。本项目的主要内容是通过了解数控机床、工业机器人和3D打印机，学会从机电如何结合方面来分析机电一体化系统，从而找出机电结合的方法，并把握机电一体化技术发展或新产品更新的未来趋势。

项目目标

序号	学习结果
1	进一步加深对典型机电一体化系统的分析方法的掌握
序号	知识目标
K1	了解数控机床的组成及工作原理
K2	了解工业机器人的特点及控制
K3	了解3D打印机的组成及工作原理
序号	技能目标
S1	会从机电如何结合方面来分析机电一体化系统
序号	态度目标
A1	具有自主学习的能力：学会查工具书和资料，掌握阅读方法，做到学与实践结合，逐步提升自主学习的能力
A2	具有良好的团队合作精神：通过小组项目、讨论等任务，增强合作意识，培养良好的团队精神
A3	具有严谨的职业素养：在任务分析、解决中，培养考虑问题的全面性、严谨性和科学性

序号	任务名称	覆盖目标
T1	连续型多臂机器人控制系统的设计	K1/K2/K3 S1 A1/A2/A3

任务　了解典型机电一体化产品

任务引入

数控机床、工业机器人、3D 打印机等都是典型的机电一体化产品，本任务在了解这些机电一体化产品的结构、工作原理之后，试着从机电如何结合这方面来分析这些机电一体化产品的组成。

知识链接

知识模块一　数控机床

数控机床是典型的机电一体化产品，是集机床、计算机、电动机及拖动、运动控制、检测等技术为一体的自动化设备。

一、数控机床的工作过程

数控机床加工工件的工作过程如图 6－1 所示。首先对被加工的零件及其毛坯进行分析，根据工件图样要求，制定工件加工的工艺过程，具体包括确定有关基准、选择加工方案、选择刀具和切削用量、制定补偿方案及确定工艺指令等。然后用规定的代码和程序格式将它们编制成加工程序，并记录在信息载体上，或者外部计算机的硬盘上。加工时，由系统输入装置或直接从外部计算机将加工程序输入或调入数控装置，数控装置对信息进行处理和运算后，向伺服机构输入相应的指令信号，伺服机构驱动运动部件按照预定的轨迹运动，从而自动加工出所要求的合格工件。

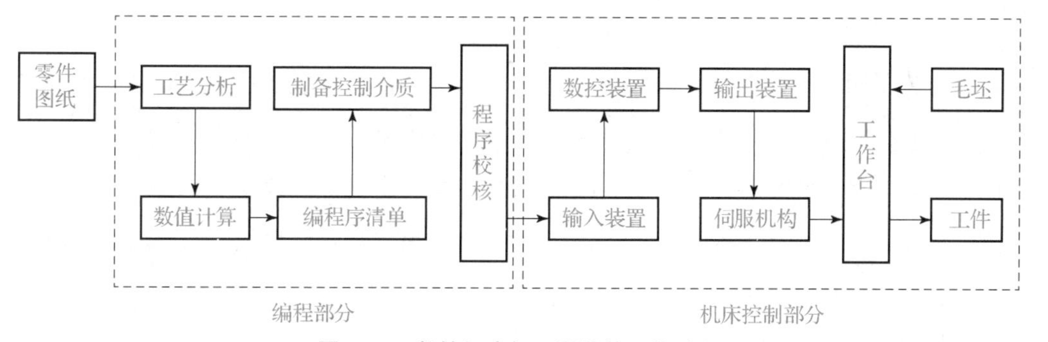

图 6－1　数控机床加工零件的工作过程

普通机床加工零件是操作者依据工艺规程或工件样图的要求，不断改变刀具与工件之间相对运动参数（位置、速度等），使刀具对工件进行加工。而数控机床的加工，是把刀具与工件的运动轨迹按坐标分割成一些最小的单位量，即最小位移量。由数控系统按照零件程序的要求，用这些最小位移量控制刀具运动轨迹，从而实现刀具与工件的相对运动，完成对零件的加工。

二、数控机床的组成

数控机床由控制介质、输入装置、数控装置、伺服系统、辅助控制装置和机床本体组成，如图 6－2 所示。

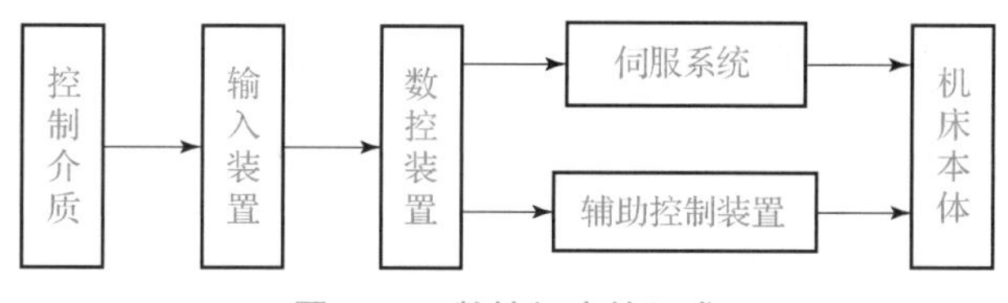

图 6－2　数控机床的组成

1. 控制介质

数控机床工作时，不需要人去直接操作机床，但又要执行人的意图，这就必须在人和数控机床之间建立某种联系，这种中间联系的媒介物称为控制介质（或称程序介质、输入介质、信息载体）。控制介质是用来存储编制好的加工程序的，它包括磁盘、U 盘、穿孔带、磁带等。

2. 输入装置

输入装置的作用是将控制介质上的数控代码传递并存入数控系统内。计算机数控装置可以连接多种 I/O 外围设备，实现零件加工程序和参数的输入、输出及存储器存储。输入装置常采用 RS－232C 接口连接，支持在线编程，功能的实现可以在数控加工过程中进行，不占用机时。

学习笔记

3. 数控装置

数控装置相当于数控机床的大脑，是中枢部分。目前一般采用专用的微型计算机来实现控制，构成数控装置。数控装置包括微计算机基本系统、通信接口、位置控制接口、人机对话界面和电源等模块。微计算机基本系统包含微处理器（MCPU）、内部存储器（RAM、ROM）、系统总线、输入/输出接口和定时器/中断器等。MCPU 实现控制和运算，内部存储器中只读存储器 ROM 存放系统控制程序，读写存储器 RAM 存放零件的加工程序和系统运行时的工作参数。

数控装置从内部存储器中读取或接收输入装置送来的一段或几段数控加工程序，经过数控装置的逻辑电路或系统软件进行编译、运算和逻辑处理后，输出响应的命令脉冲，传送输入伺服系统，使机床按照规定要求进行有序的运动和动作。

数控装置的软件主要包括系统软件（控制软件）和应用软件（加工软件）两部分。应用软件是描述被加工零件的几何形状、加工顺序、工艺参数的程序，它采用标准的数控编程语言编程，有关数控编程的规范和编程方法可参阅有关的标准手册及文献资料。

控制软件是为完成机床数控而编制的系统软件，因为各数控系统的功能设置、控制方案、硬件线路均不相同，因此在软件结构和规模上相差很大，但从数控的要求上看，控制软件应包括输入数据预处理、插补运算、速度控制、诊断程序和管理程序等模块。

1）数据输入模块

系统输入的数据主要是零件的加工程序（指令），一般通过键盘、光电读带机或盒式磁带等输入，也有从上一级微机直接传入的（如 CAD/CAM 系统）。系统中所设计的输入管理程序通常采用中断方式。例如，当读带机读入一个数据后，就立即向 CPU 发出中断请求，由中断服务程序将该数据读入内存。每按一次键，键盘就向 CPU 发出一次中断请求，CPU 响应中断后就转入键盘服务程序，对相应的按键命令进行处理。

2）数据处理模块

输入的零件加工程序是用标准的数控语言编写的 ASCII 字符串，因此，需要把输入的数控代码转换成系统能进行运算操作的二进制代码。此外，还要进行必要的单位换算和数控代码的功能识别，以便确定下一步的操作内容。

3）插补运算模块

数控系统必须按照零件加工程序中提供的数据，如曲线的种类、起点、终点等，按插补原理进行运算，并向各坐标轴发出相应的进给脉冲。进给脉冲通过伺服系统驱动刀具或工作台做相应的运动，完成程序规定的加工。插补运算模块除能实现插补各种运算外，还有实时性要求，在数控过程中，往往是一边插补一边加工的，因此插补运算的时间要尽可能短。

学习笔记

4）速度控制模块

一条曲线的进给运动需要刀具或工作台在规定的时间内走许多步来完成，因此除输出正确的插补脉冲外，为了保证进给运动的精度及平衡性，还应控制进给的速度，在速度变化较大时，要进行自动加减速控制，以避免因速度突变而造成伺服系统的驱动失步。

5）输出控制模块

输出控制主要有伺服控制、误差补偿和辅助功能控制。伺服控制模块能将插补运算得出的进给脉冲转变为有关坐标的进给运动。误差补偿模块能够实现当进给脉冲改变方向时，根据机床的精度进行反向间隙补偿处理。在加工中，需要启动机床主轴、调整主轴速度和换刀等。因此，辅助功能控制模块根据控制代码，从相应的硬件输出控制脉冲或电平信号。

6）管理程序

管理程序负责对加工过程中的各程序模块进行调度管理。管理程序还要对面板命令、脉冲信号、故障信号等引起的中断进行中断处理。

7）诊断程序

系统应对硬件工作状态和电源状况进行监视，此外，在系统初始化过程中还需对硬件的各个资源，如存储器、I/O 口等进行检测，使系统出现故障时能及时停车并指示故障类型和故障源。

4. 伺服系统

伺服系统是数控装置和机床的连接环节。伺服系统与数控装置是通过软、硬件接口连接，进行信号转换、数据传输及实时控制的。

伺服系统主要包括主轴驱动单元（速度控制）、进给驱动单元（速度控制和位置控制）、主轴伺服电动机、进给伺服电动机和检测装置等。伺服系统接收来自数控装置的控制指令，并将弱电信号进行功率放大、处理后驱动伺服电动机，伺服电动机将电信号转换成机械运动信号，再由传动机构转变成机床工作台的位移和速度。一般来说，数控机床的伺服系统，要求有好的快速响应性能，以及能灵敏且准确地跟踪指令的功能。

伺服系统的伺服电动机有步进伺服电动机、直流伺服电动机和交流伺服电动机。

伺服系统的检测装置是闭环和半闭环数控机床的检测反馈环节，由检测元件和相应的电路组成，主要是检测速度和位移，检测装置把检测结果转化为电信号反馈给数控装置。数控机床伺服系统的组成如图 6－3 所示。

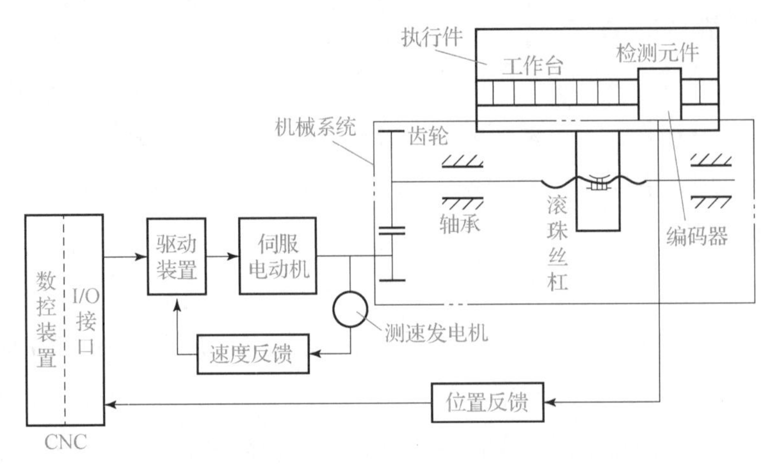

图 6－3　数控机床伺服系统的组成

5. 辅助控制装置

辅助控制装置的主要作用是接收数控装置发出的辅助控制指令，经过编译、逻辑判别和运算，再经功率放大后驱动相应的电器，带动机床的机械、液压、气动等辅助装置完成指令规定的动作。辅助控制指令包括主轴运动部件的变速、换向和启停指令，刀具的选择和交换指令，以及冷却、润滑装置的启停，工件和机床部件的松开、夹紧，分度工作台转位分度等开关量指令信号。辅助控制装置普遍使用 PLC。

6. 机床本体

机床本体是数控机床的主体，是实现制造加工的执行部件。它包括主轴运动部件（主轴、主轴轴承和相应的传动机构等）、进给运动部件（工作台、拖板以及相应的传动机构等）、支承体（立柱、床身等）以及特殊装置（刀具自动交换系统、工件自动交换系统）和辅助装置（如排屑装置等）。

由于数控机床采用了具有调速功能的伺服电动机，因此，与传统的普通机床相比，省去了复杂的齿轮变速机构，大大简化了机械传动链。图 6－4 所示为某数控车床的传动系统。

数控机床由于切削用量大、连续加工发热多等因素影响工件精度，外加是自动控制，在加工中不能像在普通机床上那样可以随时由人工进行干预。所以其设计要求比普通机床更严格，制造要求更精密。因而在数控机床设计时，采用了加强刚性、减小

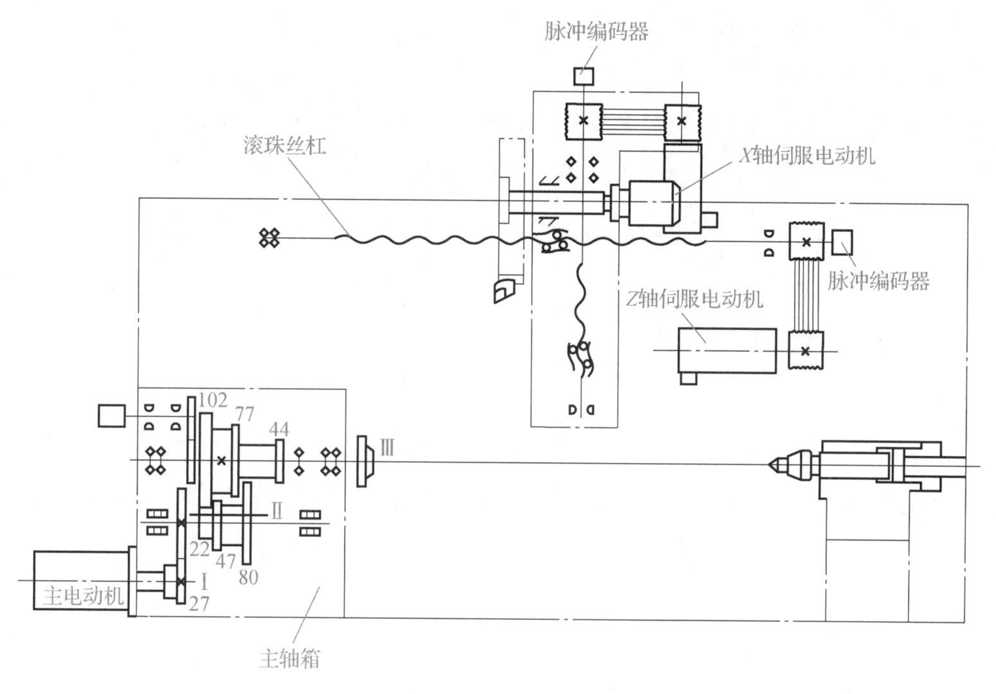

图 6-4 某数控车床的传动系统

热变形、提高精度等措施，使得数控机床的外部造型、整体布局、传动系统以及刀具系统等与普通机床相比都发生了很大的变化。

三、数控机床的运动性能指标和精度指标

1. 数控机床的运动性能指标

数控机床的运动性能指标主要包括以下几个方面。

1）主轴转速

数控机床的主轴一般均采用直流伺服电动机或交流伺服电动机驱动，选用高速精密轴承支承，保证主轴具有较宽的调速范围和足够高的回转精度、刚度及抗振性。

2）进给速度

数控机床的进给速度是影响零件加工质量、生产效率以及刀具寿命的主要因素，它受数控装置的运算速度、机床特性及工艺系统刚度等因素的限制。

3）坐标行程

数控机床坐标轴的行程大小，构成数控机床的空间加工范围，即加工零件的大小。坐标行程是直接体现机床加工能力的参数指标。

4）摆角范围

具有摆角坐标的数控机床，其转角大小也直接会影响加工零件空间部位的能力。

学习笔记

但转角太大又会造成机床的刚度下降。

5）刀库容量和换刀时间

刀库容量和换刀时间对数控机床的生产效率有直接影响。刀库容量是指刀库能存放加工所需要的刀具数量，换刀时间是指带有自动交换刀具系统的数控机床将主轴上使用的刀具与装在刀库上的下一工序需要的刀具进行交换所需要的时间。

2. 数控机床的精度指标

数控机床的主要精度指标如下：

1）定位精度

定位精度是指数控机床工作台等移动部件在确定的终点所达到的实际位置的精度，即实际位置与指令位置的一致程度，不一致量表现为误差。因此移动部件实际位置与指令位置之间的误差称为定位误差。定位误差将直接影响零件加工的位置精度。

2）重复定位精度

重复定位精度是指在同一条件下，用相同的方法，重复进行同一动作时，控制对象位置的一致程度，即在同一台数控机床上，应用相同程序、相同代码加工一批零件，所得到的连续结果的一致程度，也称为精密度。重复定位精度受伺服系统特性、进给系统的间隙与刚性以及摩擦特性等因素的影响。一般情况下，重复定位精度是呈正态分布的偶然性误差，它影响一批零件加工的一致性，是一项非常重要的性能指标。

3）分度精度

分度精度是指分度工作台在分度时，理论要求回转的角度值和实际回转的角度值的差值。分度精度既影响零件加工部位在空间的角度位置，也影响孔隙加上的同轴度等。

4）分辨率与脉冲当量

分辨率是指两个相邻的分散细节之间可以分辨的最小间隔。对测量系统而言，分辨率是可以测量的最小增量；对控制系统而言，分辨率是可以控制的最小位移增量。数控装置发出每个脉冲信号后，机床移动部件的位移量叫作脉冲当量。坐标计算单位是一个脉冲当量，它标志着数控机床的精度分辨率。脉冲当量是设计数控机床的原始数据之一，其数值的大小决定数控机床的加工精度和表面质量。脉冲当量越小，数控机床的加工精度和加工表面质量越高。

四、数控机床的控制对象

从数控机床最终要完成的任务看，主要应对主运动、进给运动和辅助功能进行控制。

学习笔记

1. 主运动控制

和普通机床一样，主运动是形成切削速度，对切除工件上多余材料起主要作用的工作运动，用来完成切削任务。数控车床的主运动是工件的回转运动，也就是主轴旋转运动，基本控制要实现主轴的正、反转和停止，可自动换挡和无级调速；数控钻床、数控铣床和数控磨床的主运动是刀具或砂轮的回转运动；在数控刨削时，刀具或工作台的往复直线运动是主运动；对加工中心和一些数控车床还必须具有准停控制和 C 轴控制功能。

2. 进给运动控制

进给运动是传递给刀具或工件的运动，主要配合主运动依次或连续不断地切除工件上的多余材料，同时形成具有所需几何特征的已加工表面。进给运动可以是间歇的，也可以是连续进行的。数控机床的进给运动是通过进给驱动单元、进给伺服电动机和检测装置来实现的。伺服控制的最终目的是实现对机床工作台或刀具的位置控制，所采取的一切措施都是为了保证进给运动的位置精度。

3. 辅助功能控制

数控装置对加工程序处理后输出的控制信号，除了对主运动和进给运动轨迹进行控制外，还要对机床的各种状态进行控制。这些状态包括冷却和润滑装置的启动和停止、刀具自动交换、工件夹紧和放松及分度工作台转位等。

知识模块二　工业机器人

工业机器人（Industrial Robot）技术涉及机构学、控制理论和技术、计算机、传感技术、人工智能、仿生学等诸领域，是一门多学科的综合性高新技术，是当代研究十分活跃、应用日益广泛的领域。机器人的应用情况也标志着一个国家制造业及其工业自动化的水平。

工业机器人是一种可以搬运物料、零件、工具或完成多种操作功能的专用机械装置；是由计算机进行控制、具有柔性的自动化系统，可以允许进行人机联系。人类研制机器人的最终目标是创造一种能够综合人的动作和智能特征，延伸人的活动范围，使其具有通用性、柔性和灵活性的自动机械。工业机器人已成为 FMS 和 CIMS 等自动化制造系统中的重要设备，在实现柔性自动化生产、提高产品质量、代替人在恶劣环境条件下工作中发挥了重大作用。

一、工业机器人的组成

工业机器人由三大部分组成：机械部分、传感部分和控制部分，如图 6－5 所示。

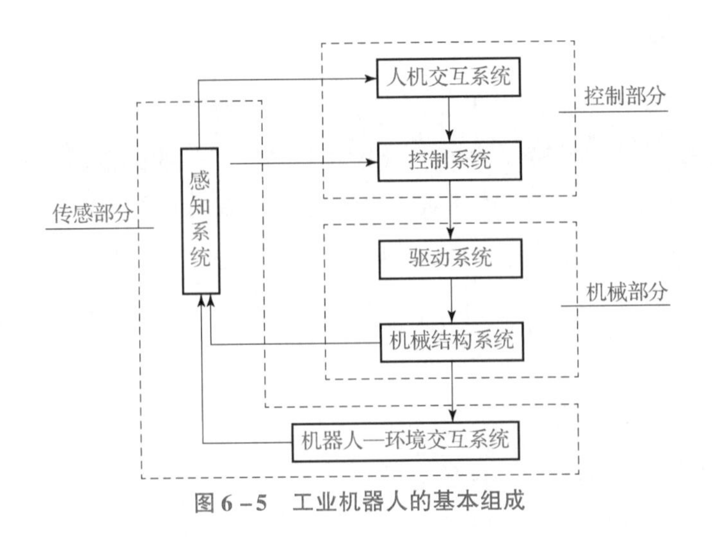

图 6 – 5　工业机器人的基本组成

1. 机械部分

机械部分包括机械结构系统和驱动系统。

工业机器人的机械结构系统由机身、手臂、末端执行器三部分组成，如图 6 – 6 所示，每一部分都有若干个自由度，构成一个多自由度的机械系统。若机身具备行走机构，便构成了行走机器人；若机身不具备行走及腰转机构，则构成的是单机器人臂(Single Robot Arm)。手臂一般由上臂、下臂和手腕组成。末端执行器是直接装在手腕上的一个重要部件，它可以是两手指或多手指的手爪，也可以是喷漆枪、焊具等作业工具。

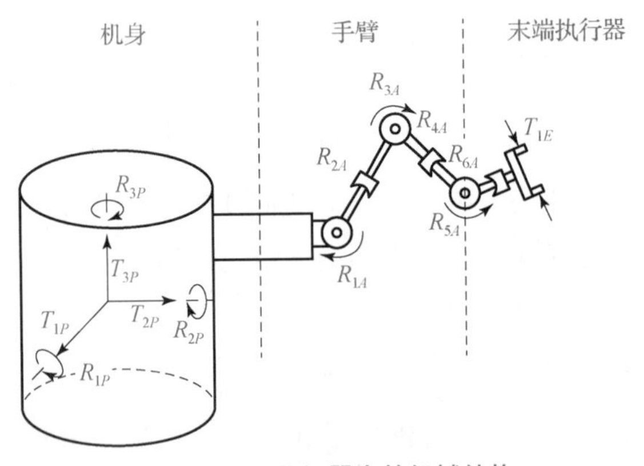

图 6 – 6　工业机器人的机械结构

驱动系统主要是指驱动机械结构系统的装置，根据驱动源的不同可分为电动、液压、气动三种或三者结合在一起的综合系统；驱动系统可以直接与机械结构相连，也可通过皮带、链条和齿轮等与机械传动机构间接相连。

2. 传感部分

传感部分包括感知系统和机器人—环境交互系统。

学习笔记

感知系统由内部传感器模块和外部传感器模块组成，用以获取内部和外部环境的状态信息，如机械部件各部分的运行轨迹、状态、位置和速度等信息，使机械部件各部分按预定程序和工作需要进行动作。智能传感器的使用提高了机器人的机动性、适应性和智能化水平。人类的感知系统对外部信息的获取是极其灵巧的，然而，对于一些特殊的信息，传感器比人类的感知系统更有效。

机器人—环境交互系统是实现工业机器人与外部环境中的设备相互联系和协调的系统。工业机器人与外部设备集成为一个功能单元，如加工制造单元、焊接单元、装配单元等。当然，也可以是多台机器人、多台机床或设备、多个零件存储装置等集成一个用来执行复杂任务的功能单元。

3. 控制部分

控制部分包括人—机交互系统和控制系统。

人—机交互系统是使操作人员参与机器人控制与机器人进行联系的装置，如计算机的标准终端、指令控制台、信息显示板、危险信号报警器等。归纳起来为两大类：指令输入装置和信息显示装置。

控制系统是机器人系统的指挥中枢，它接收来自传感器的反馈信号，对其进行数据处理，并根据设计的程序、机器人的状态及其环境情况等，产生控制信号去驱动机器人的各个关节完成规定的运动和功能。对于技术比较简单的机器人，控制器只含有固定程序；对于技术比较先进的机器人，可采用可编程计算机或微处理器作为控制器。

二、工业机器人的特点

工业机器人的发展离不开工业自动化的需要和发展，工业机器人作业与周围环境有很强的交互作用，这点与数控机床之类的设备相比较有明显的不同。工业机器人最显著的特点有以下几个：

1. 可编程

工业机器人可随其工作环境变化的需要而再编程，是柔性制造系统（Flexible Manufacture System，FMS）中的一个重要组成部分。

2. 拟人化

工业机器人在机械结构上有类似于人的行走、腰转、大臂、小臂、手腕、手爪等部分，在控制上有计算机。此外，智能化工业机器人还有许多类似于人类的“生物传感器”，如皮肤型接触传感器、力传感器、负载传感器、视觉传感器、声觉传感器、语

学习笔记

言功能等。传感器提高了工业机器人对周围环境的自适应能力。

3. 通用性

除了专门设计的专用的工业机器人外，一般工业机器人在执行不同的作业任务时具有较好的通用性，比如，更换工业机器人手部末端操作器（手爪、工具等）即可执行不同的作业任务。

4. 机电一体化

工业机器人技术涉及的学科相当广泛，综合了机械、微电子、信息、传感等技术，是典型的机电一体化产品。第三代智能机器人不仅具有获取外部环境信息的各种传感器，而且还具有记忆能力、语言理解能力、图像识别能力、推理判断能力等人工智能，这些都和微电子技术、计算机技术的应用密切相关。

三、工业机器人的控制

控制系统的性能在很大程度上决定了机器人的性能，一个良好的控制系统要有灵活、方便的操作方式，以及各种形式的运动控制方式和安全可靠性。

工业机器人的控制系统一般分为上下两个控制层次：上级为组织级，其任务是将期望的任务转化成运动轨迹或适当的操作，并随时检测机器人各部分的运动及工作情况，处理意外事件；下级为实时控制级，它根据机器人动力学特性及机器人当前的运动情况，综合出适当的控制命令，驱动机器人机构完成指定的运动和操作。

图 6－7 所示为 PUMA 机器人的控制器结构框图，该系统采用了两级递阶控制结构：上级连接有显示器、键盘、示教盒、软盘驱动器等设备，还可以通过接口接入视觉传感器、高层监控计算机等；下级由六块以 6503CPU 为核心的单片机组成，每个单片机负责一个关节的运动控制，构成 6 个独立的数字伺服控制回路。在控制机器人运动时，上级做运动规划，将机器人手端的运动转化成各关节的运动，按控制周期传给下级；下级进行运动插补运算及对关节进行伺服控制。

与一般的伺服控制系统相比，机器人控制系统有以下特点：

（1）机器人的控制与机构运动学及动力学密切相关。机器人的状态可以在各种坐标下描述，应当根据实际需要选择不同的基准坐标系，并做适当的坐标变换，因此经常要求解运动学正问题和逆问题。

（2）一个简单的机器人有 3～5 个自由度，比较复杂的机器人有十几个，甚至几十个自由度，一般每个自由度包含一个伺服机构。为了完成一个共同的任务，它们必须协调运动，组成一个多变量的控制系统。

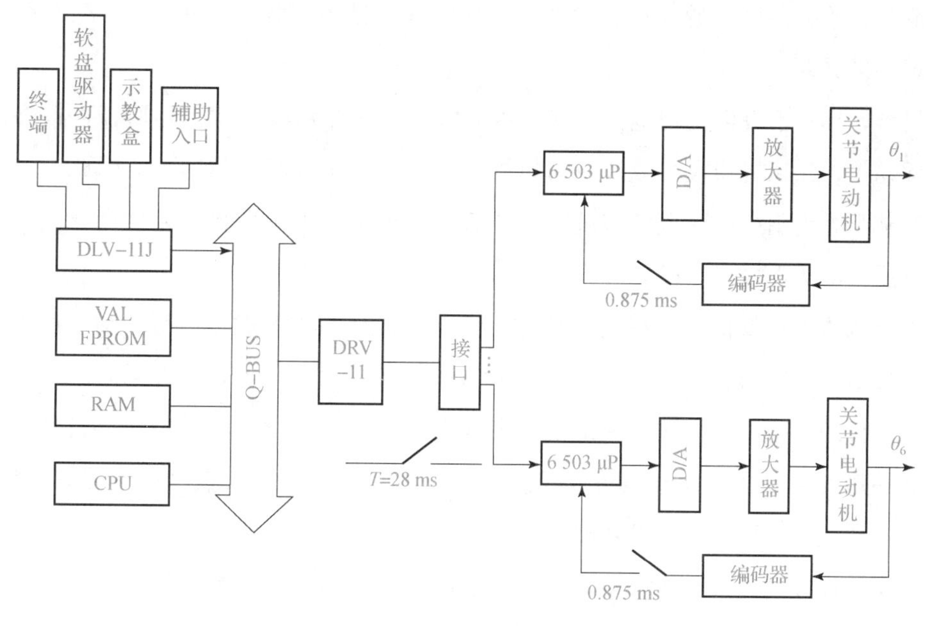

图 6-7 PUMA 机器人的控制器结构

（3）把多个独立的伺服系统有机地协调起来，使其按照人的意志行动，甚至赋予机器人一定的“智能”，这个任务只能由计算机来完成。因此，机器人控制系统必然是一个计算机控制系统，计算机软件担负着艰巨的任务。

（4）机器人动力学模型是一个非线性模型，随着状态的不同和外力的变化，其参数也在变化，而且各变量之间还存在耦合。因此，在控制时经常要使用重力补偿、前馈、解耦或现代控制方法。

（5）机器人的动作可以通过不同的方式和路径来完成，因此存在着一个“最优”的问题。较高级的机器人可以用人工智能的方法，用计算机建立起庞大的信息库，借助信息库进行控制、决策、管理和操作；还可以通过传感器和模式识别的方法获得对象及环境的信息，按照给定的指标要求，自动地选择最佳的控制规律。

（6）机器人还有一种特有的控制方式——示教再现控制方式。这种控制方式在工作时，可分“示教”和“再现”两个阶段。在示教阶段，可预先移动机器人的手臂，使其按照需要的姿势、顺序和路线工作，同时机器人将这些信息通过反馈回路返回记忆装置中，并存储起来。在再现阶段，控制系统便从记忆装置中依次调出示教阶段存储的信息，控制机器人动作。这种控制方式的特点是不需要特有的编程语言，机器人在示教过程中自动形成作业程序。

四、工业机器人实例——焊接机器人

工业机器人在工业生产制造中能代替人进行单调、频繁和重复的长时间作业，或

学习笔记

是在危险、恶劣环境下的作业，如冲压、热处理、焊接、喷涂、装配等。在本部分将介绍焊接机器人。

机器人具有示教再现功能，完成一项焊接任务只需示教一次，随后即可精确地再现示教动作。如果机器人去做另一项焊接工作，则只需重新示教即可。因此，焊接机器人突破了焊接刚性自动化的传统生产方式，开拓了一种柔性自动化生产方式，使小批量产品自动化焊接生产成为可能。

焊接机器人可以稳定和提高焊接质量，保证焊接的均匀性；提高劳动生产率，一天可保证 24 h 连续生产；改善工人的劳动条件；降低对工人操作的技术要求；缩短产品改型换代的准备周期，减少相应的设备投资；可实现小批量产品的焊接自动化；能在空间站建设、核设备维修、深水焊接等极限条件下完成人工难以进行的焊接作业；为焊接柔性生产线提供了技术基础。

在实际焊接过程中，作业条件是经常变化的，如加工与装配上的误差会造成焊缝位置和尺寸的变化，焊接过程中工件受热及散热条件的改变会造成焊道变形和熔透不均。为了克服机器人焊接工作中各种不确定性因素对焊接质量的影响，提高机器人作业的智能化水平和工作的可靠性，焊接机器人系统不仅能实现空间焊缝的自动实时跟踪，而且还能实现焊接参数的在线调整和焊缝质量的实时控制。

焊接机器人系统一般由以下几部分组成：机械手、变位机、控制器、焊接系统（专用焊接电源、焊枪或焊钳等）、焊接传感器、中央控制计算机和相应的安全设备等。典型的焊接机器人的组成如图 6－8 所示。

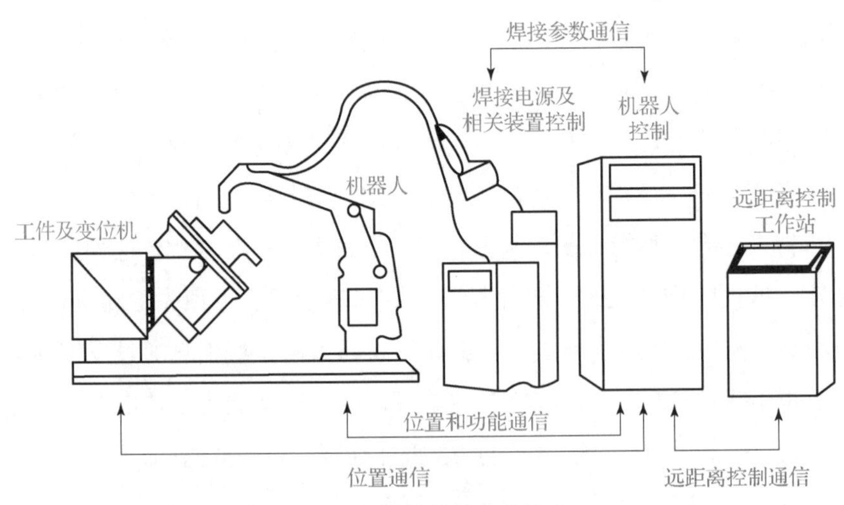

图 6－8　焊接机器人的组成

机械手是焊接机器人的执行机构，它由驱动器、传动机构、连杆、关节以及内部传感器（编码盘）等组成。具有六个旋转关节的关节式机器人在机构尺寸相同的情况下工作空间最大，并且能以较高的位置精度和最优的路径到达指定位置，因而在焊接领域得到了广泛的应用。

学习笔记

变位机的作用是将被焊工件旋转（平移）到最佳焊接位置。在焊接作业前和焊接过程中，变位机通过夹具来装卡和定位被焊工件，对工件的不同要求决定了变位机的负载能力及其运动方式。为了使机械手充分发挥效能，焊接机器人系统通常采用两台变位机，当其中一台进行焊接作业时，另一台则完成工件的装卸，从而提高整个系统的效率。

机器人控制器是整个机器人系统的神经中枢，它由计算机硬件、软件和一些专用电路组成，其软件包括控制器系统软件、机器人专用语言、机器人运动学及动力学软件、机器人控制软件、机器人自诊断及自保护软件等。控制器负责处理焊接机器人工作过程中的全部信息，并控制其全部动作。

焊接系统是焊接机器人完成作业的核心装备，由焊钳（点焊机器人）或焊枪（弧焊机器人）、焊接控制器及水、电、气等辅助部分组成。焊接控制器可根据预定的焊接监控程序，完成焊接参数的输入、焊接程序的控制及焊接系统的故障自诊断，并实现与本地计算机及手控盒的通信联系。

传感器的任务是实现工件坡口的定位、跟踪以及焊缝熔透信息的获取。

安全设备是焊接机器人系统安全运行的重要保障，包括驱动系统过热自断电保护、动作超限位自断电保护、超速自断电保护、人工急停等。

知识模块三　3D 打印机

3D 打印（3D printing），即快速成型技术的一种，它是一种以数字模型文件为基础，运用粉末状金属或塑料等可黏合材料，通过逐层打印的方式来构造物体的技术。3D 打印通常是采用数字技术材料打印机来实现的，过去其常在模具制造、工业设计等领域被用于制造模型，现正逐渐用于一些产品的直接制造，已经有使用这种技术打印而成的零部件。该技术在汽车、航空航天、工业设计、建筑施工、珠宝、鞋类、牙科和医疗产业、教育、地理信息系统以及其他领域都得到了应用。

一、3D 打印机原理

3D 打印机，是采用快速成型技术的机器。3D 打印机的工作原理和传统打印机基本一样，都是由控制组件、机械组件、打印头、耗材和介质等架构组成的。3D 打印机主要是在打印前在计算机上设计了一个完整的三维立体模型，然后再进行打印输出。其原理是：把数据和原料放进 3D 打印机中，机器会按照程序把产品一层层打印出来，打印出的产品，可以即时使用。简单地说，就是打印时实质上是断层扫描的逆过程，断层扫描是把某个东西“切”成无数叠加的片，3D 打印机工作时就是一片一片地打印，然后叠加到一起，成为一个立体物体。

二、3D 打印机的分类

根据工作原理的不同，3D 打印可以分为：熔融沉积成型（FDM）、光固化成型（SLA）、三维粉末粘接（3DP）以及选择性激光烧结（SLS）。

1. 熔融沉积成型（Fused Deposition Modeling，FDM）

熔融沉积又称熔丝沉积，它是将丝状热熔性材料加热熔化，通过带有一个微细喷嘴的喷头挤喷出来。热熔材料熔化后从喷嘴喷出，沉积在制作面板或者前一层已固化的材料上，温度低于固化温度后开始固化，通过材料的层层堆积形成最终成品，如图 6－9 所示。在 3D 打印技术中，FDM 的机械结构最简单，设计也最容易，制造成本、维护成本和材料成本也最低，因此也是在家用的桌面级 3D 打印机中使用得最多的技术。

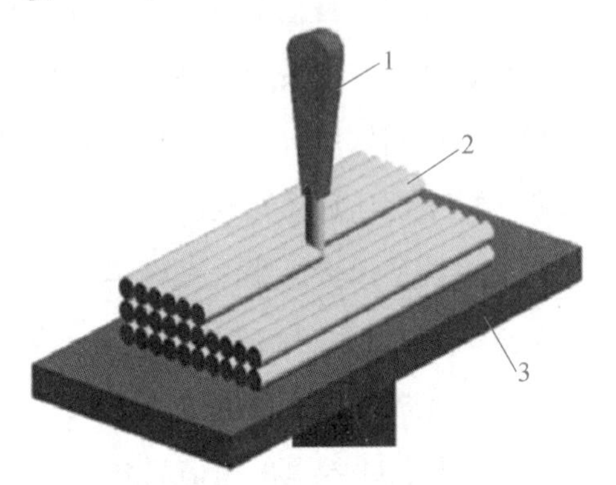

图 6－9　FDM 工作原理

1—喷头；2—成型件；3—打印平台

2. 光固化成型（Stereo Lithography Apparatus，SLA）

光固化成型又称为光敏液相固化法和立体光刻等，它是在树脂槽中盛满液态光敏树脂，使其在激光束或紫外线光点的照射下快速固化，如图 6－10 所示。这种工艺方法适用于制造中小型工作，能直接得到塑料产品。它还能代替蜡模制作浇铸模具，以及作为金属喷涂模、环氧树脂模和其他软模的母模，是目前较为成熟的快速原型工艺。光固化技术是最早发展起来的快速成型技术，也是研究最深入、技术最成熟、应用最广泛的快速成型技术之一。

3. 三维粉末粘接（Three Dimensional Printing and Gluing，3DP）

3DP 技术由美国麻省理工学院开发成功的，原料使用粉末材料，如陶瓷粉末、金属粉末、塑料粉末等。3DP 技术的工作原理是：先铺一层粉末，使用喷嘴将黏合剂喷在需要成型的区域，让材料粉末粘接，形成零件截面，然后不断重复铺粉、喷涂、粘接的过程，层层叠加，获得最终打印出来的零件，如图 6－11 所示。

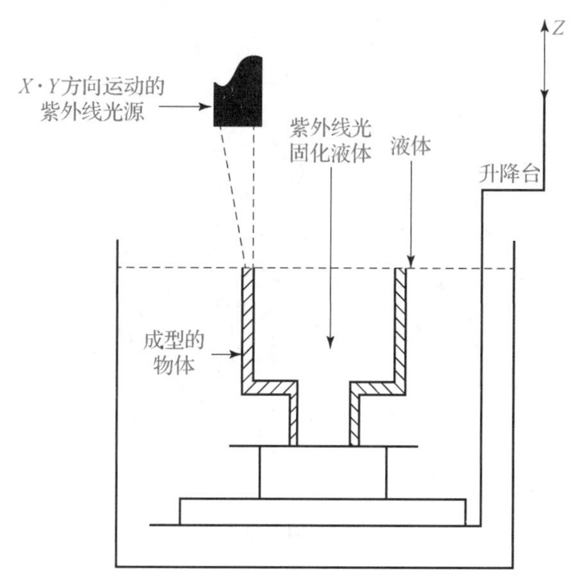

图 6-10　SLA 工作原理

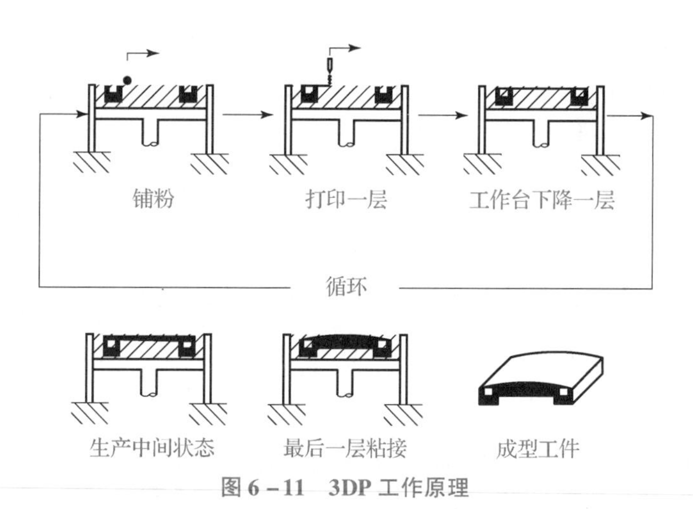

图 6-11　3DP 工作原理

4. 选择性激光烧结成形（Selecting Laser Sintering，SLS）

SLS 工艺是由美国得克萨斯大学提出的，于 1992 年开发了商业成型机。SLS 利用粉末材料在激光照射下烧结的原理，由计算机控制层层堆结成型。SLS 技术同样是使用层叠堆积成型，所不同的是，它首先铺一层粉末材料，将材料预热到接近熔化点，再使用激光在该层截面上扫描，使粉末温度升至熔化点，然后烧结形成粘接，接着不断重复铺粉、烧结的过程，直至完成整个模型成型。SLS 工艺原理如图 6-12 所示。

三、基于 FDM 技术的 3D 打印机系统组成

基于 FDM 技术的 3D 打印机主要可以划分为三大系统，分别是软件系统、控制系统和机械系统。

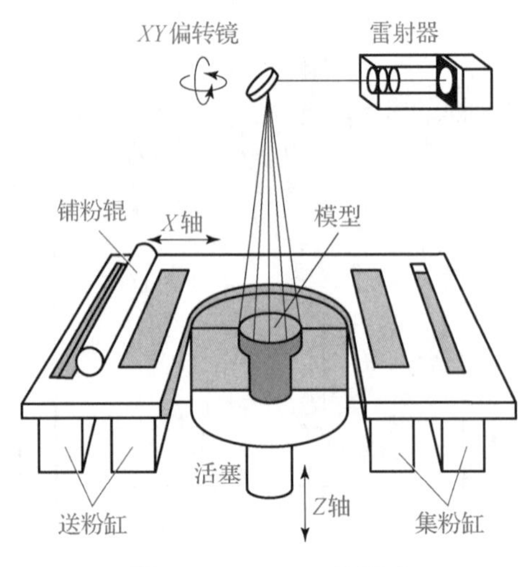

图 6－12　SLS 工作原理

1. 软件系统

众所周知，普通的打印机在打印开始之前需用户将打印源文件（各种文档、图片等）上传至打印机。同样，3D 打印机在进行快速成型制造之前，也需要用户提供目标产品的源文件方可开始工作。这里所指的目标源文件就是 3D 打印设备可识别的 3D 模型数据文件（如 STL 格式文件）。3D 模型数据处理是快速成型制造至关重要、不可或缺的一步。3D 打印机与上位机相连，上位机软件根据 STL 格式的三维模型生成打印机能够识别的语言 G 代码，然后通过串口通信传递给控制系统，控制系统再发送指令给机械系统，控制打印路径。

2. 控制系统

控制系统包括外接电路、温度控制系统和伺服控制系统等，这些控制系统起到控制和监测等作用，与机械系统和软件系统协同完成打印工作。控制器将上位机传递过来的 G 代码进行解码，并根据 G 代码中的信息来控制步进电动机、挤出机构和散热装置。同时，步进电动机的位置和温度信息都会反馈给上位机。软件系统负责将导入的三维模型切片分层，按照设置好的加工工艺参数生成所需的 G 代码。

3. 机械系统

机械系统包括主机身结构、挤出机构、送丝机构、传动机构等。主机身结构用来支撑导轨和其他零部件的安装等，导轨承载挤出机构进行打印工作。挤出机构负责加热打印丝材，其会直接影响打印成型质量。送丝机构用于将打印丝材顺利地送入挤出机构中，是保证打印过程中提供源源不断的丝材的动力装置。传动机构用于完成 X，Y，Z 轴方向的运动，从而定位打印喷头的准确位置。

学习笔记

四、基于 FDM 技术的 3D 打印机工作过程

3D 打印机是机电一体化系统，能否成功完成物品的打印，需要各个部分协同合作。为了实现 3D 打印机的正常工作，并在打印过程能够连续可靠的运行，需要对 3D 打印机的整体控制过程进行设定。首先将建好的三维模型做切片处理，将处理好的工件的切片文件载入上位机。在打印工作开始时，需要对外部机械结构设置调平，初始化设置挤出机构和工作平台，能够保证在打印工作前两者的加热温度达到设定的数值，然后开始零件的打印工作。在机器运作过程中，与之配套的温控系统会检测出温度的改变情况并进行反馈，超过预定值系统就会对其做出调整，以确保打印时温度控制在所需要的工作温度范围内。工作过程中，首先喷头在 $X-Y$ 平面进行工件的打印，打印完成零件的一层平面，步进电动机就会通过丝杠控制打印平台下降预先设定好的 Δz 的距离，然后继续打印下一层平面，此距离 Δz 就是层厚值。如此反复运行，直至打印件被打印完成。在整个打印过程中，程序控制系统会保证此过程的顺利实现。当打印平台运动到最低点时，3D 打印机停止工作。

步骤一　查阅相关资料

以小组（5~8 人为宜）为单位，查阅相关资料或网络资源，学习、了解数控机床、工业机器人、3D 打印机的结构特点及原理。

步骤二　分析解决问题

小组间进行交流与学习，梳理知识内容，从机电如何结合这方面来分析这些机电一体化产品的组成。

任务评价

评价项目	评价内容	分值/分	自评 20%	互评 20%	师评 60%	合计
职业素养 50 分	劳动纪律，职业道德	10				
	积极参加任务活动，按时完成工作任务	10				
	团队合作，交流沟通能力，能合理处理合作中的问题和冲突	10				

学习笔记

续表

评价项目	评价内容	分值/分	自评20%	互评20%	师评60%	合计
职业素养50分	爱岗敬业，安全意识，责任意识，服从意识	10				
	能用专业的语言正确、流利地展示成果	10				
专业能力50分	专业资料检索能力	10				
	了解数控机床的组成及工作原理	10				
	了解工业机器人的特点及控制	10				
	了解3D打印机的组成及工作原理	10				
	会从机电如何结合方面来分析机电一体化系统	10				
创新能力加分20	创新性思维和行动	20				
总计		120				
教师签名：		学生签名：				

学习笔记

参 考 文 献

[1] 朱林．机电一体化系统设计 [M]．2 版．北京：石油工业出版社，2008.

[2] 补家武，左静，袁勇，等．机电一体化技术与系统设计 [M]．武汉：中国地质大学出版社，2001.

[3] 孙卫青，李建勇．机电一体化技术 [M]．2 版．北京：科学出版社，2009.

[4] 赵先仲．机电一体化系统 [M]．北京：高等教育出版社，2004.

[5] 杜建铭．机电一体化导论 [M]．北京：电子工业出版社，2011.

[6] [日] 高森年．机电一体化 [M]．赵文珍，译．北京：科学出版社，2001.

[7] 游江．机械零件与传动 [M]．北京：中国劳动社会保障出版社，2007.

[8] 伍利群．齿轮传动间隙的消除方法 [J]．机床与液压，2005 (5)：187－188.

[9] 狄长安．现代传感器技术及应用 [M]．北京：兵器工业出版社，2007.

[10] 王森．传感检测技术 [M]．天津：天津大学出版社，2009.

[11] 殷淑英．传感器应用技术 [M]．北京：冶金工业出版社，2008.

[12] 周传德，宋强，文成．传感器与测试技术 [M]．重庆：重庆大学出版社，2009.

[13] 秦曾煌．电工学（上册）[M]．5 版．北京：高等教育出版社，1999.

[14] 张崇巍，李汉强．运动控制系统 [M]．武汉：武汉理工大学出版社，2002.

[15] 张邦成．机电一体化控制技术 [M]．长春：东北师范大学出版社，2006.

[16] 姚永刚．机电传动与控制技术 [M]．天津：天津大学出版社，2009.

[17] 梁建和，秦展田，苏万清，等．液压与气动技术 [M]．广州：华南理工大学出版社，2008.

[18] 苟维杰，马骏，吕世霞．液压与气压传动 [M]．长沙：国防科技大学出版社，2010.

[19] 孟延军，陈敏．液压传动 [M]．北京：冶金工业出版社，2008.

[20] 胡寿松．自动控制原理 [M]．4 版．北京：科学出版社，2001.

[21] 孙琦．微机接口技术 [M]．北京：中央广播电视大学出版社，2000.

[22] 孙振强，王晖，孙玉峰，等．可编程控制器原理及应用教程 [M]．北京：清

华大学出版社，2005.

［23］胡汉才．单片机原理及其接口技术［M］.2 版．北京：清华大学出版社，2004.

［24］孙志辉，闫晓强，程伟．机电系统控制软件设计［M］. 北京：机械工业出版社，2009.

［25］刘胜，彭侠夫，叶瑰昀．现代伺服系统设计［M］. 哈尔滨：哈尔滨工程大学出版社，2001.

［26］陆全龙．数控机床［M］. 武汉：华中科技大学出版社，2008.

［27］苟维杰，易楠，吴健生．数控机床［M］. 长沙：国防科技大学出版社，2008.

［28］杨波．数控机床原理维护维修技术（数控及机械制造专业）［M］. 北京：海洋出版社，2007.

［29］吴振彪，王正家．工业机器人［M］.2 版．武汉：华中科技大学出版社，2006.

［30］孙树栋．工业机器人技术基础［M］. 西安：西北工业大学出版社，2006.

［31］高学山．光机电一体化系统典型实例［M］. 北京：机械工业出版社，2007.

［32］张华．机电一体化技术应用［M］. 北京：电子工业出版社，2002.

［33］吕鉴涛．3D 打印原理技术与应用［M］. 北京：人民邮电出版社，2017.

［34］芮延年．机器人技术［M］. 北京：科学出版社，2019.

［35］梁景楷，刘会英．机电一体化技术与系统［M］.2 版．北京：机械工业出版社，2020.

［36］曹胜男，朱冬，祖国建．工业机器人设计与实例详解［M］. 北京：化学工业出版社，2020.